美

美친 적중률
美친 합격률
美친 만족도

최고의 국가자격시험 수험서를 제대로
만들고 싶어하는 성안당의 마음입니다

KB090308

합격보장 ✓

MAKE UP ARTIST

미용사
메이크업

실기

사단법인한국메이크업미용사회
KOREA MAKE-UP CENTRAL ASSOCIATION

박효원 · 유한나 · 진현용 지음

BM (주)도서출판 성안당

합격보장 미용사 메이크업 실기 저자 프로필

사단법인 한국메이크업미용사회 중앙회 교수자문위원

박효원(Park Hyo won)
주식회사 예인직업전문학교 학교장

유한나((Yoo Han na)
現 인덕대학교 방송뷰티메이크업과 겸임조교수

진현용(Jin Hyun Yong)
現 미국 뉴올리언즈 Face2art studio 대표 · 아트디렉터

아름다움에 대한 인간의 기본 욕구는 늘 역사와 함께 공존해오고 있으며 현대 산업발전으로 인한 경제적 성장과 늘어난 대외적 활동으로 인해 외모 혹은 뷰티에 관한 현대인들의 관심은 나날이 증가하고 있습니다.

특히 뷰티(Beauty) 관련 산업에서 메이크업은 한류(韓流) 문화 코드로, 경제와 소비자 심리에 민감하고 부가가치가 높은 산업이기 때문에 고객과의 상담을 통하여 고객의 개성에 맞는 메이크업을 연출하거나 상황에 따라(상업적, 예술적 필요로) 인물을 재창조하는 예술의 한 분야이며 발전 가능성이 농후한 분야 중 하나입니다.

현대사회는 기술 발전과 사회 변화에 따라 전문화·세분화된 경쟁력 있는 인재를 요구합니다. 이에 따라 질 높은 인력을 양성·관리하기 위해 직업 능력을 체계적으로 평가·인정하는 전문 자격증의 필요성이 대두되었습니다. 미용사 메이크업 국가기술자격시험은 유능한 메이크업인을 발굴·양성하는 시험입니다. 여기서 자신이 소유하고 있는 능력을 공식적으로 증명하고 객관적인 평가를 받는 데 도움이 되기를 바라며 이 책을 발간하게 되었습니다.

『합격보장 미용사 메이크업 실기』를 선택해 주신 많은 분께 진심으로 감사드리며, 미용사 메이크업 국가기술자격시험을 준비하는 수험자 여러분께 조금이나마 도움이 되기를 바랍니다.

저자 드림

미용사(메이크업) 국가기술자격 상시검정 안내

① 개요

메이크업에 관한 숙련기능을 가지고 현장업무를 수용할 수 있는 능력을 가진 전문기능인력을 양성하고자 자격제도를 제정하였다.

② 수행 직무

특정한 상황과 목적에 맞는 이미지, 캐릭터 창출을 목적으로 이미지 분석, 디자인, 메이크업, 뷰티 코디네이션, 후속관리 등을 실행함으로써 얼굴·신체를 표현하는 업무를 수행한다.

③ 진로 및 전망

메이크업 아티스트, 메이크업 강사, 화장품 관련 회사 취업, 메이크업 숍 창업, 고등 기술학교 선생 등

④ 출제 경향

- 고객의 나이, 얼굴형, 피부색, 체형, 피부 건강상태 및 미용 관리 부위의 정보를 파악·분석하여 고객 상황에 맞는 이미지를 제안하고, 시술 절차에 따른 각종 화장품 및 도구 선택, 장비사용의 업무 숙련도 평가
- 얼굴·신체를 아름답게 하거나 특정한 상황과 목적에 맞는 이미지 분석, 디자인, 메이크업, 뷰티 코디네이션, 후속관리 등을 실행하기 위한 적절한 관리법과 메이크업 도구, 기기 및 제품 사용법 등 메이크업 관련 업무의 숙련도 평가

⑤ 취득 방법

- **시행처** : 한국산업인력공단
- **시험과목** 필기 : 1. 메이크업개론 2. 공중위생관리학 3. 화장품학 / 실기 : 메이크업 미용실무
- **검정방법** 필기 : 객관식 4지 택일형(60문항) / 실기 : 작업형(2시간 35분)
- **합격기준** : 60점 이상/100점

⑥ 원서접수

- 접수기간 : 회별 접수기간 별도 지정(q-net.or.kr 참조)
- 원서접수 시간 : 회별 원서접수 첫날 10:00부터 마지막 날 18:00까지
- 접수방법 : 인터넷 접수(q-net.or.kr)

❼ 시험 시행

- 접수인원 및 시험장 현황(외부 시험장 포함) 등을 감안하여 소속기관별로 종목별·일자별 시행 계획을 수립하여 실시
- 시험시간(부)

시행구분	입실시간	시작시간	비 고
1부	08:30	09:00	※ 시험시작은 수험자 전원이 응시
2부	10:00	10:30	하고, 수험자 교육이 완료되면 곧
3부	11:00	11:30	바로 시작 가능
4부	12:30	13:00	
5부	13:00	13:30	
6부	14:00	14:30	
7부	16:00	16:30	

- 실기시험 종목별 시험시간(부) : 미용(메이크업) 1·5부

  ※ 시험장 상황 및 접수인원 변동에 따라 조정 가능

- 채점 : 필기시험(전산을 통한 자동 채점) / 실기시험(채점기준에 의거하여 현장에서 채점)

❽ 합격자 발표

- 발표일자 : 회별 발표일 별도 지정
- 발표방법
  - 인터넷 : 원서접수 홈페이지(q-net.or.kr)
  - 전 화 : ARS 자동응답전화(☎ 1666-0100)
- 필기시험(CBT)은 시험 종료 즉시 합격 여부 확인 가능하므로, 별도의 ARS 자동응답 전화를 통한 합격자 발표 미운영
- 실기시험은 당회 시험 종료 후 다음 주 목요일 09:00 발표

  ※ 단, 합격자 발표일이 공휴일, 연휴 등에 해당할 경우 별도 지정

- 자격증 발급
  - 상장형자격증 : 수험자가 직접 인터넷을 통해 발급
  - 수첩형자격증 : 인터넷 신청하여 우편배송

❾ 수험자 유의사항

- 신분증 미지참자 당해 시험 정지(퇴실) 및 무효처리
- 소지품 정리시간 이후 소지 불가 전자·통신기기 소지·착용 시는 당해 시험 정지(퇴실) 및 무효처리
- 주관식 답안 작성 시 검정색 필기구만 사용 가능(연필, 유색 필기구 등 사용 불가)
- 시험장은 1부 입실시간 30분 전부터 입장 가능

국가직무능력표준(NCS) 기반 메이크업

💬 국가직무능력표준(NCS)

국가직무능력표준(NCS, National Competency Standards)은 산업현장에서 직무를 행하기 위해 요구되는 지식·기술·태도 등의 내용을 국가가 산업 부문별, 수준별로 체계화한 것으로, 산업현장의 직무를 성공적으로 수행하기 위해 필요한 능력(지식, 기술, 태도)을 국가적 차원에서 표준화한 것을 의미한다.

💬 NCS 학습모듈

국가직무능력표준(NCS)이 현장의 '직무 요구서'라고 한다면, NCS 학습모듈은 NCS의 능력단위를 교육훈련에서 학습할 수 있도록 구성한 '교수·학습 자료'이다. NCS 학습모듈은 구체적 직무를 학습할 수 있도록 이론 및 실습과 관련된 내용을 상세하게 제시한다.

💬 '메이크업' NCS 학습모듈 둘러보기

1. NCS '메이크업' 직무 정의

   메이크업은 특정한 상황과 목적에 맞는 이미지, 캐릭터 창출을 목적으로 이미지 분석, 디자인, 메이크업, 뷰티 코디네이션, 후속관리 등을 실행함으로써 얼굴·신체를 연출하고 표현하는 일이다.

2. '메이크업' NCS 학습모듈 검색

NCS 및 학습모듈검색 → 환경분석 → NCS 능력단위 → NCS 학습모듈 → 활용패키지 (평생경력개발경로 /훈련기준/출제기준)

미용사(메이크업)
국가자격 실기시험 출제기준

직무 분야	이용 · 숙박 · 여행 · 오락 · 스포츠	중직무 분야	이용 · 미용	자격 종목	미용사 (메이크업)	적용 기간	2021. 1. 1. ~ 2021. 12. 31.

직무내용 : 얼굴 · 신체를 아름답게 하거나 특정한 상황과 목적에 맞는 이미지 분석, 디자인, 메이크업, 뷰티 코디네이션, 후속관리 등을 실행하기 위해 적절한 관리법과 도구, 기기 및 제품을 사용하여 메이크업을 수행하는 직무

수행준거 : 1. 작업자와 고객 위생관리를 포함한 메이크업 용품, 시설, 도구 등을 청결히 하고 안전하게 사용할 수 있도록 관리 · 점검할 수 있다.
　　　　　2. 고객과의 상담을 통해 메이크업 T.P.O(Time, Place, Occasion)를 파악할 수 있다.
　　　　　3. 기본, 웨딩, 미디어 등의 메이크업을 실행할 수 있다.

실기검정방법	작업형	시험시간	2시간 30분 정도

주요항목	세부항목	세세항목
1. 메이크업 숍 안전 위생관리	1. 메이크업 숍 위생관리 하기	1. 메이크업 시설, 설비 및 도구 · 기기 등을 소독하거나 먼지를 제거할 수 있다. 2. 메이크업 작업 환경을 청결하게 청소할 수 있다. 3. 메이크업 시행에 필요한 기기 · 도구 · 제품의 체크리스트를 만들 수 있다. 4. 메이크업 도구 관리 체크리스트에 따라 사전점검 작업을 실시할 수 있다.
2. 메이크업 상담	1. 얼굴 특성 분석 및 메이크업 상담하기	1. 고객과의 상담을 통해 메이크업 T.P.O를 파악할 수 있다. 2. 메이크업에 반영될 고객(작품)의 직업, 연령, 환경 등의 정보를 파악할 수 있다. 3. 고객 상담을 통해 원하는 스타일, 콘셉트 등을 파악할 수 있다. 4. 고객의 심리적, 정서적 특성을 고려하여 메이크업 디자인 정보를 고객에게 전달할 수 있다. 5. 고객 요구와 관찰을 통해 얼굴 형태, 특성 등을 파악할 수 있다. 6. 메이크업 시행 전 피부 상태를 문진표, 기기 등을 통해 파악할 수 있다. 7. 얼굴 특성 분석에 따른 메이크업 방향과 보완책을 고객에게 설명할 수 있다.

3. 기본 메이크업	1. 기초제품 사용하기	1. 메이크업을 하기 위한 클렌징을 실시할 수 있다. 2. 피부 타입, 상태에 따라 기초제품 제형, 바르는 순서 등을 선택할 수 있다. 3. 기초제품으로 피부의 일시적인 이상, 트러블에 대한 조치를 취할 수 있다.
	2. 베이스 메이크업하기	1. 피부 상태, 디자인 등에 따른 메이크업 제형, 색상을 선택할 수 있다. 2. 얼굴 형태, 피부색 등을 고려하여 자연스러운 피부표현을 할 수 있다. 3. 피부의 추가적인 결점 보완을 위한 제품을 선택할 수 있다. 4. 얼굴 형태, 피부 상태에 따른 윤곽수정 제품을 사용할 수 있다.
	3. 아이 메이크업하기	1. 재료의 특성에 따른 질감, 발색, 밀착성, 발림성 등을 구분·선택할 수 있다. 2. 메이크업 목적, 디자인 등을 반영하여 아이섀도를 표현할 수 있다. 3. 메이크업 목적, 디자인과 조화로운 아이라인을 표현할 수 있다. 4. 아이 메이크업 디자인과 조화되는 마스카라 제품을 활용할 수 있다. 5. 속눈썹 표현을 위하여 제품을 가공하여 표현할 수 있다. 6. 최신 아이 메이크업 트렌드, 제품 정보를 고객에게 설명할 수 있다.
	4. 아이브로우 메이크업하기	1. 눈썹 형태, 얼굴형, 디자인 등에 따른 아이브로우 이미지를 구분할 수 있다. 2. 메이크업 디자인, 스타일 등에 따른 아이브로우를 표현할 수 있다. 3. 고객의 자기 관찰을 통한 요구 사항을 분석하여 아이브로우 메이크업을 수정할 수 있다. 4. 최신 아이브로우 표현 트렌드, 제품 정보 등을 고객에게 설명할 수 있다.
	5. 립 & 치크 메이크업	1. 스타일과 조화로운 립 & 치크 기본 형태를 디자인할 수 있다. 2. 재료의 질감, 발색, 밀착성, 발림성 등을 구분할 수 있다. 3. 메이크업 디자인과 조화되는 제품을 선택하여 립 & 치크 메이크업을 할 수 있다. 4. 립 & 치크 메이크업 트렌드, 제품 정보를 고객에게 설명할 수 있다.

3. 기본 메이크업	6. 마무리 스타일링하기	1. 스타일, 표현 이미지와 조화되는 수정·보완 메이크업을 실시할 수 있다. 2. 메이크업 관련 스타일링, 코디네이션 트렌드를 고객에게 전달할 수 있다.
4. 웨딩 메이크업	1. 웨딩 이미지 파악하기	1. 결혼식 장소의 조명, 크기, 공간 디자인 등을 파악할 수 있다. 2. 웨딩 촬영(화보) 콘셉트, 촬영 장소 특성 등을 파악할 수 있다. 3. 웨딩드레스, 헤어스타일 등으로 고객이 선호하는 웨딩 이미지를 파악할 수 있다. 4. 수집된 정보를 종합 분석하여 고객이 원하는 웨딩 콘셉트를 제시할 수 있다. 5. 웨딩 관련 최신 트렌드와 메이크업 정보를 고객에게 제공할 수 있다.
	2. 웨딩 메이크업 이미지 제안하기	1. 웨딩 메이크업 이미지 연출을 위한 소품을 준비할 수 있다. 2. 수집된 정보를 분석하여 웨딩 메이크업 이미지를 제안할 수 있다. 3. 고객 요구를 반영하여 웨딩 메이크업 이미지를 수정할 수 있다. 4. 다양한 콘셉트의 웨딩 메이크업 포트폴리오, 시안을 제작할 수 있다.
	3. 웨딩 메이크업 실행하기	1. 웨딩 환경, 드레스, 스타일링 등을 고려한 웨딩 메이크업을 실행할 수 있다. 2. 웨딩 콘셉트와 신부 메이크업 방향을 고려하여 신랑 메이크업을 실행할 수 있다. 3. 웨딩 콘셉트와 조화로운 관계자(혼주 등) 메이크업을 실행할 수 있다. 4. 이미지 유지와 고객 요구에 따라 웨딩 현장에서 메이크업을 보완할 수 있다.
5. 미디어 메이크업	1. 미디어 기획의도 파악하기	1. 클라이언트, 연출자, 관계자 회의에서 작품 의도와 목적을 파악할 수 있다. 2. 촬영 관계자 회의에서 촬영 의도를 파악할 수 있다. 3. 작품 종류, 내용에 대한 사전분석을 통해 기획의도를 분석할 수 있다. 4. 미디어 장르별 표현 특징을 디자인 기획에 반영할 수 있다.

5. 미디어 메이크업	2. 미디어 현장 분석하기	1. 세트장 크기, 전체 배경, 색감, 디자인 의도, 촬영 환경 등을 파악할 수 있다. 2. 시대적 배경, 시대 환경, 촬영 시간대 등의 현장 상황을 파악할 수 있다. 3. 조명, 색과 조도의 변화에 따른 메이크업 강도, 색조를 조절할 수 있다. 4. 현장분석 결과를 통해 메이크업 실시 시의 고려사항을 도출해 낼 수 있다.
	3. 미디어 메이크업 이미지 분석하기	1. 기획의도가 반영된 자료를 통해 모델 이미지를 분석할 수 있다. 2. 관계자 회의에서 모델 코디네이션, 스타일 요구를 파악할 수 있다. 3. 제작회의 등에서 표현될 메이크업 이미지 시안을 발표할 수 있다. 4. 작품 의도, 목적을 부각시킬 수 있는 메이크업 방향 변화를 제안할 수 있다.
	4. 미디어 메이크업 캐릭터 개발하기	1. 인물 간 역학관계, 성격, 특성 등을 파악하여 캐릭터를 설계할 수 있다. 2. 캐릭터 개발을 위해 연기자(모델)의 이미지, 체형 등을 분석할 수 있다. 3. 개발 캐릭터의 특징, 메이크업 방향 등을 시안으로 표현할 수 있다. 4. 캐릭터 특성을 표현하기 위한 부가적인 소품을 구비할 수 있다. 5. 작품 의도, 목적 부각을 위해 메이크업 캐릭터 콘셉트를 조정할 수 있다.
	5. 미디어 메이크업 실행하기	1. 미디어 현장의 조명에 따라 적합한 메이크업 제품을 선택하여 사용할 수 있다. 2. 작성된 캐릭터 시안을 중심으로 미디어 메이크업을 표현할 수 있다. 3. 미디어의 종류와 표현 색감에 따라 메이크업을 수정할 수 있다. 4. 미디어 촬영현장에서의 메이크업 유지를 위하여 수정·보완할 수 있다. 5. 표현 미디어의 특성과 최신 트렌드를 지속적으로 수집·반영할 수 있다.

미용사(메이크업)
국가자격 실기시험 과제 안내

과제 유형	제1과제(40분) 뷰티 메이크업	제2과제(40분) 시대 메이크업	제3과제(50분) 캐릭터 메이크업	제4과제(25분) 속눈썹 익스텐션 및 수염
작업대상	모델			마네킹
세부과제	① 웨딩(로맨틱)	① 현대1-1930 (그레타 가르보)	① 이미지(레오파드)	① 속눈썹 익스텐션(왼쪽)
	② 웨딩(클래식)	② 현대2-1950 (마릴린 먼로)	② 무용(한국)	② 속눈썹 익스텐션(오른쪽)
	③ 한복	③ 현대3-1960 (트위기)	③ 무용(발레)	③ 미디어 수염
	④ 내추럴	④ 현대4-1970~1980 (펑크)	④ 노역(추면)	
배점	30	30	25	15

※ 총 4과제가 시험 당일 각 과제가 랜덤 선정되는 방식으로 아래와 같이 선정

1과제 : ①~④ 과제 중 1과제 선정

2과제 : ①~④ 과제 중 1과제 선정

3과제 : ①~④ 과제 중 1과제 선정

4과제 : ①~③ 과제 중 1과제 선정

※ 각 과제 작업 종료 후 다음 과제를 위한 준비시간이 부여될 예정이며, 1, 2과제 작업 후 클렌징 및 세안(준비시간 내) 진행

수험자 지참 재료 목록

번호	지참 공구명	규격	단위	수량	비고	이미지
1	모델	–	명	1	모델 기준 참조	
2	위생 가운	긴팔 또는 반팔, 흰색	개	1	시술자용 (일회용 불가)	
3	눈썹칼	눈썹 정리용	개	1	메이크업용 미사용품	
4	브러시 세트	메이크업용	set	1	–	
5	어깨보	메이크업용, 흰색	개	1	모델용	
6	스펀지 퍼프	메이크업용	개	필요량	메이크업용 미사용품	
7	분첩	메이크업용	개	1	메이크업용 미사용품	
8	뷰러	메이크업용	개	1	메이크업용	
9	타월	40x80cm 내외, 흰색	개	필요량	작업대 세팅용, 세안용	

번호	지참 공구명	규격	단위	수량	비고	이미지
10	소독제	액상 또는 젤	개	1	도구 · 피부 소독용	
11	탈지면 용기	–	개	1	뚜껑이 있는 용기	
12	탈지면 (미용솜)	–	개	필요량	–	
13	미용티슈	–	개	필요량	미용용	
14	면봉	–	개	필요량	미용용	
15	족집게	–	개	1	눈썹관리용	
16	터번 (헤어밴드)	–	개	1	흰색	
17	아이섀도 팔레트	(단품 제품 지참 가능)	set	1	메이크업용	
18	립 팔레트	(단품 제품 지참 가능)	set	1	메이크업용	

번호	지참 공구명	규격	단위	수량	비고	이미지
19	메이크업 베이스	-	개	1	메이크업용	
20	페이스 파우더	-	개	1	메이크업용	
21	아이라이너	브라운색, 검정색	개	각 1	타입 제한 없음	
22	파운데이션	리퀴드, 크림, 스틱 제형 등 (에어졸 제품 불가)	set	1	하이라이트, 섀도, 베이스 컬러용 등	
23	마스카라	-	개	1	-	
24	아이브로우 펜슬	-	개	1	-	
25	인조속눈썹	-	set	필요량	-	
26	위생봉투 (투명비닐)	-	개	1	쓰레기 처리용, 고정용 테이프 포함	
27	스파출라	-	개	1	메이크업용	

번호	지참 공구명	규격	단위	수량	비고	이미지
28	수염 (가공된 상태)	검정색	set	1	생사 또는 인조사	
29	속눈썹 가위	–	개	1	눈썹 관리용	
30	고정 스프레이 (일반 스프레이)	–	개	1	수염 관리용	
31	수염 접착제 (스프리트 검 또 는 프로세이드)	–	개	1	수염 관리용	
32	가위	–	개	1	수염 관리용	
33	핀셋	–	개	1	수염 관리용	
34	빗 (꼬리빗 또는 마이크로 브러시)	–	개	1	수염 관리용	
35	가제수건	(물에 젖은 상태)	개	1	거즈, 물티슈 대용 가능	
36	글루	공인인증기관에서 자가번호 부여받은 제품	개	1	공인인증제품	

번호	지참 공구명	규격	단위	수량	비고	이미지
37	글루 판	–	개	1	속눈썹 관리용	
38	속눈썹 (J컬)	J컬 타입 (8, 9, 10, 11, 12mm)	세트	필요량	두께 0.15~0.2mm	
39	마네킹 (5~6mm 인조속눈썹이 50가닥 이상 부착된 상태)	얼굴 단면용	개	1	속눈썹 관리 및 수염관리용 (홀더 추가 지참 가능)	
40	핀셋	–	개	2	속눈썹 관리용	
41	아이패치	속눈썹 관리용	개	1	흰색 테이프 불가	
42	우드 스파출라	속눈썹 관리용	개	필요량	속눈썹 관리용 미사용품	
43	전처리제	속눈썹 관리용	개	1	속눈썹 관리용	
44	속눈썹 빗	속눈썹 관리용	개	1	속눈썹 관리용	
45	속눈썹 접착제	공인인증기관에서 자가번호 부여받은 제품	개	1	공인인증제품	
46	속눈썹 판	–	개	1	속눈썹 관리용	
47	클렌징 제품 및 도구	클렌징 티슈, 해면, 습포 등	개	필요량	메이크업 제거용	

번호	지참 공구명	규격	단위	수량	비고	이미지
48	메이크업 팔레트 (플레이트 판)		개	1	믹싱용 (파운데이션 및 아이섀도 등)	

미용사(메이크업)
국가자격 실기시험 유의사항

다음 사항을 준수하여 실기시험에 임하여 주십시오. 만약 다음 사항을 지키지 않을 경우 시험장의 입실 및 수험에 제한을 받는 불이익이 발생할 수 있다는 점 인지하여 주시고, 감독위원의 지시가 있을 경우에는 다소 불편함이 있더라도 적극적으로 협조하여 주시기 바랍니다.

1. 수험자와 모델은 감독위원의 지시에 따라야 하며, 지정된 시간에 시험장에 입실해야 합니다.
2. 수험자는 수험표 및 신분증(본인임을 확인할 수 있는 사진이 부착된 증명서)을 지참해야 합니다.
3. 수험자는 반드시 반팔 또는 긴팔 흰색 위생복(일회용 가운 제외)을 착용하여야 하며, 복장에 소속을 나타내거나 암시하는 표식이 없어야 합니다.
4. 수험자 및 모델은 눈에 보이는 표식(예 : 네일 컬러링, 디자인 등)이 없어야 하며, 표식이 될 수 있는 액세서리(예 : 반지, 시계, 팔찌, 발찌, 목걸이, 귀걸이 등)를 착용할 수 없습니다.
5. 수험자 및 모델이 머리카락 고정용품(머리핀, 머리띠, 머리망, 고무줄 등)을 착용할 경우 검은색만 허용합니다.
6. 수험자 또는 모델은 스톱워치나 핸드폰을 사용할 수 없습니다.
7. 모든 수험자는 함께 대동한 모델에 작업해야 하고, 모델을 대동하지 않을 시에는 과제에 응시할 수 없습니다.

> ※ 모델 기준 : 만 14세 이상~만 55세 이하(연도 기준)의 신체 건강한 여성
> ※ 모델은 사전에 메이크업이 되어 있지 않은 상태로 시험에 임하여야 합니다.
> ※ 수험자가 동반한 모델도 신분증을 지참하여야 하며, 공단에서 지정한 신분증을 지참하지 않은 경우, 모델로 시험에 참여가 불가능합니다.

8. 수험자는 시험 중에 관리상 필요한 이동을 제외하고 지정된 자리를 이탈하거나 모델 또는 다른 수험자와 대화할 수 없습니다.
9. 과제별 시험 시작 전 준비시간에 해당 시험 과제의 모든 준비물을 작업대에 세팅하여야 하며, 시험 중에 도구 또는 재료를 꺼내는 경우 감점 처리합니다.
10. 지참하는 준비물은 시중에서 판매되는 제품이면 무방하며, 브랜드를 따로 지정하지 않습니다(정품 사용, 덜어오는 것 제외).
11. 지참하는 화장품 등은 외국산, 국산 구별 없이 시중에서 누구나 쉽게 구입할 수 있는 것을 지참(수험자가 평소 사용하던 화장품도 무방함)하도록 합니다.
12. 수험자가 도구 또는 재료에 구별을 위해 표식(스티커 등)을 만들어 붙일 수 없습니다.
13. 수험자는 위생봉투(투명비닐)를 준비하여 쓰레기봉투로 사용할 수 있도록 작업대에 부착합니다.
14. 과정별 요구사항에 여러 가지의 형이 있는 경우에는 반드시 시험위원이 지정하는 형을 작업해야 합니다.
15. 매 작업과정 시술 전에는 준비 작업시간을 부여하므로 시험위원의 지시에 따라 행동하고, 각종 도구도 잘 정리정돈한 다음 작업에 임하며, 과제 시작 전 사용에 적합한 상태를 유지하도록 미리 준비(작업대 세팅 및 모델 터번 착용 등)합니다.
16. 시험 종료 후 지참한 모든 재료는 가지고 가며, 주변 정리정돈을 끝내고 퇴실토록 합니다.
17. 제시된 시험시간 안에 모든 작업과 마무리 및 작업대 정리 등을 끝내야 하며, 시험시간을 초과하여 작업하는 경우에는 해당 과제를 0점 처리합니다.
18. 과제별 작업을 위한 모델의 준비가 적합하지 않을 경우 감점 혹은 과제 0점 처리될 수 있습니다.
19. 시험 종료 후 시험위원의 지시에 따라 마네킹에 기작업된 4과제 작업분을 변형 혹은 제거한 후 퇴실하여야 합니다.
20. 각(1~3) 과제 종료 후 다음 과제 준비시간 전에 시험위원의 지시에 따라 클렌징 제품 및 도구를 사용하여 완성된 과제

를 제거하고 다음 과제 작업 준비를 해야 합니다.

21. 작업에 필요한 각종 도구를 바닥에 떨어뜨리는 일이 없도록 하여야 하며, 특히 눈썹칼, 가위 등을 조심성 있게 다루어 안전사고가 발생되지 않도록 주의해야 합니다.

22. 다음의 경우에는 득점과 관계없이 채점대상에서 제외됩니다.
   ① 시험의 전체 과정을 응시하지 않은 경우
   ② 시험 도중 시험장을 무단으로 이탈하는 경우
   ③ 부정한 방법으로 타인의 도움을 받거나 타인의 시험을 방해하는 경우
   ④ 무단으로 모델을 수험자 간에 교체하는 경우
   ⑤ 국가자격검정 규정에 위배되는 부정행위 등을 하는 경우
   ⑥ 수험자가 위생복을 착용하지 않은 경우
   ⑦ 수험자 유의사항 내의 모델 조건에 부적합한 경우
   ⑧ 요구사항 등의 내용을 사전에 준비해 온 경우(예 : 눈썹을 미리 그려 온 경우, 수염 과제를 미리 해 온 경우, 턱 부위에 밑그림을 그려온 경우, 속눈썹(J컬)을 미리 붙여온 경우 등)
   ⑨ 마네킹을 지참하지 않은 경우

23. 시험응시 제외 사항
   ① 모델을 데려오지 않은 경우 해당 과제는 응시할 수 없습니다.

24. 오작사항
   ① 요구된 과제가 아닌 다른 과제를 작업하는 경우
      (예 : 웨딩(로맨틱) 메이크업을 웨딩(클래식) 메이크업으로 작업한 경우 등이 해당함)
   ② 작업 부위를 바꿔서 작업하는 경우
      (예 : 마네킹(속눈썹)의 좌우를 바꿔서 작업하는 경우 등이 해당함)

25. 득점 외 별도 감점사항
   ① 수험자의 복장 상태, 모델 및 마네킹의 사전 준비상태 등 어느 하나라도 미준비하거나 사전 준비작업이 미흡한 경우
   ② 필요한 기구 및 재료 등을 시험 도중에 꺼내는 경우
   ③ 문신 및 반영구 메이크업(눈썹, 아이라인, 입술) 및 속눈썹 연장을 한 모델을 대동한 경우
   ④ 눈썹 염색 및 틴트 제품을 사용한 모델을 대동한 경우

26. 미완성 사항
   ① 4과제 속눈썹 익스텐션 작업 시 최소 40가닥 이상의 속눈썹(J컬)을 연장하지 않은 경우
   ② 4과제 미디어 수업 작업 시 콧수염과 턱수염 중 하나라도 작업하지 않은 경우

※ 미용사(메이크업) 공개 문제를 사전에 반드시 확인하여 사전 준비하시길 바랍니다.
※ 타월류의 경우 비슷한 크기이면 무방합니다.
※ 아트용 컬러, 물통, 아트용 브러시, 바구니(흰색), 더마왁스, 실러(메이크업용), 홀더(마네킹) 및 수험자 지참 준비물 중 기타 필요한 재료의 추가 지참은 가능합니다(송풍기, 부채 등은 지참 및 사용 불가).
※ 공개문제 및 수험자 지참 준비물에 언급된 도구 및 재료 중 기타 실기시험에서 요구한 작업 내용에 영향을 주지 않는 범위 내에서 수험자가 메이크업 미용 작업에 필요하다고 생각되는 재료 및 도구(예 : 아이섀도(크림ㆍ펄 타입 등)류, 브러시류, 핀셋류 등) 등은 추가 지참할 수 있습니다.
※ 소독제를 제외한 주요 화장품을 덜어서 가져오시면 안 되며 정품을 사용해야 합니다.
※ 미용사(메이크업) 실기시험 공개문제(도면)의 헤어스타일(업스타일, 흰머리 표현 등 불가) 및 장신구(티아라, 비녀 등 지참 불가), 써클ㆍ컬러렌즈(모델착용불가), 헤어 컬러링 상태 등은 채점 대상이 아니며, 대동 모델에게 착용 등이 불가합니다.

미용사(메이크업) 국가자격 실기시험 시술 준비

1 수험자

1. 수험자는 감독위원의 지시에 따라야 하며, 지정된 시간에 시험장에 입실해야 합니다.
2. 수험자는 수험표 및 신분증(본인임을 확인할 수 있는 사진이 부착된 증명서)을 지참해야 합니다.
3. 수험자는 반드시 반팔 또는 긴팔 흰색 위생복(일회용 가운 제외)을 착용하여야 하며, 복장에 소속을 나타내거나 암시하는 표식이 없어야 합니다. 또한, 위생복 안의 옷이 위생복 밖으로 절대 나오지 않아야 합니다.
4. 수험자의 복장 상태가 바르지 않으면 감점이 됩니다.
5. 수험자는 눈에 보이는 표식(예 : 문신, 헤나, 네일 컬러링, 디자인 등)이 없어야 하며, 표식이 될 수 있는 액세서리(예 : 반지, 시계, 팔찌, 발찌, 목걸이, 귀걸이 등)를 착용할 수 없습니다.
6. 수험자가 머리카락 고정용품(머리핀, 머리띠, 머리망, 고무줄 등)을 착용할 경우 검은색만 허용합니다.
7. 수험자는 스톱워치나 핸드폰을 사용할 수 없으며, 송풍기, 부채 등은 지참 및 사용이 불가합니다.
8. 수험자는 시험 중에 관리상 필요한 이동을 제외하고 지정된 자리를 이탈하거나 모델 또는 다른 수험자와 대화할 수 없습니다.

2 모델 준비

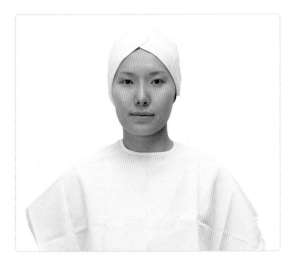

1. 모든 수험자는 함께 대동한 모델에 작업해야 하고, 모델을 대동하지 않을 시에는 과제에 응시할 수 없으며 채점 대상에서 제외됩니다.

   ※ 메이크업 모델의 연령제한에 따라 대동하는 모델은 본인의 신분증을 지참하여야 합니다.

   ※ 모델기준 : 문신 및 반영구 메이크업(눈썹, 아이라인, 입술), 속눈썹 연장을 하지 않은 만 14세 이상~만 55세 이하(연도 기준)의 여성

   ※ 모델은 사전에 메이크업이 되어 있지 않은 상태로 시험에 임하여야 합니다.

   ※ 모델조건에 부적합한 경우 시험은 응시할 수 있으나 채점대상에서 제외(실격조치)

   ※ 문신 및 반영구 메이크업(눈썹, 아이라인, 입술)을 한 모델을 대동한 경우, 눈썹염색 및 틴트제품을 사용한 모델을 대동한 경우는 감점처리됩니다.

2. 모델은 감독위원의 지시에 따라야 하며, 지정된 시간에 시험장에 입실해야 합니다.

3. 모델은 헤어 터번과 어깨보를 착용하여야 합니다.

4. 모델은 눈에 보이는 표식(예 : 문신, 헤나, 네일 컬러링, 디자인 등)이 없어야 하며, 표식이 될 수 있는 액세서리(예 : 반지, 시계, 팔찌, 발찌, 목걸이, 귀걸이 등)를 착용할 수 없습니다.

5. 모델이 머리카락 고정용품(머리핀, 머리띠, 머리망, 고무줄 등)을 착용할 경우 검은색만 허용하며, 써클렌즈나 컬러렌즈 등의 착용이 불가합니다. 만약 헤어컬러링 상태가 눈에 띄거나 탈색 모발일 경우, 헤어 터번을 넓은 종류로 선택 착용하여 가린 후 응시하면 됩니다.

6. 모델은 스톱워치나 핸드폰을 사용할 수 없으며, 송풍기, 부채 등은 지참 및 사용이 불가합니다.

7. 과제별 작업을 위한 모델의 준비가 적합하지 않을 경우 감점 혹은 해당 과제 0점 처리될 수 있습니다.

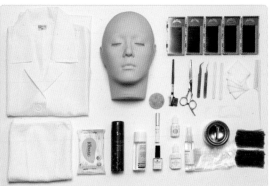

1. 과제별 시험 시작 전 준비시간에 해당 시험 과제의 모든 준비물을 작업대에 세팅하여야 하며, 시험 중에 도구 또는 재료를 꺼내는 경우 감점 처리합니다.

2. 지참하는 준비물은 시중에서 판매되는 제품이면 무방하며, 브랜드를 따로 지정하지 않습니다(정품 사용, 덜어오는 것 제외).

3. 지참하는 화장품 등은 외국산, 국산 구별 없이 시중에서 누구나 쉽게 구입할 수 있는 것을 지참(수험자가 평소 사용하던 화장품도 무방함)하도록 합니다.

4. 수험자가 도구 또는 재료에 구별을 위해 표식(스티커 등)을 만들어 붙일 수 없습니다.

5. 수험자는 위생봉투(투명비닐)를 준비하여 쓰레기봉투로 사용하도록 작업대에 부착합니다.

7. 매 작업과정 시술 전에는 준비 작업시간을 부여하므로 시험위원의 지시에 따라 행동하고, 각종 도구도 잘 정리정돈한 다음 작업에 임하며, 과제 시작 전 사용에 적합한 상태를 유지하도록 미리 준비(작업대 세팅 및 모델 터번 착용 등)합니다.

8. 작업에 필요한 각종 도구를 바닥에 떨어뜨리는 일이 없도록 하여야 하며, 특히 눈썹칼, 가위 등을 조심히 다루어 안전사고가 발생하지 않도록 주의해야 합니다.

9. 지참 준비물에 언급된 도구 및 재료 중 기타 실기시험에서 요구한 작업 내용에 영향을 주지 않는 범위 내에서 수험자가 메이크업 미용 작업에 필요하다고 생각되는 재료 및 도구(예 : 아이섀도(크림 · 펄 타입 등)류, 브러시류, 핀셋류 등, 아트용 컬러, 물통, 아트용 브러시, 더마왁스, 실러(메이크업용), 홀더(마네킹) 등)는 추가 지참할 수 있습니다.

10. 소독제를 제외한 주요 화장품을 덜어서 가져오시면 안 됩니다.

11. 미용사(메이크업) 실기시험 공개문제(도면)의 헤어스타일(업스타일, 흰머리 표현 등) 및 장신구(티아라, 비녀 등 지참 불가), 써클 · 컬러렌즈(착용불가), 헤어 컬러링 상태 등은 채점 대상이 아닙니다.

12. 시험 종료 후 지참한 모든 재료는 가지고 가야 하며, 주변 정리정돈을 하고 퇴실토록 합니다.

13. 제시된 시험시간 안에 모든 작업과 마무리 및 작업대 정리 등을 끝내야 합니다.

14. 재료와 관련된 감점 사항
    - 필요한 기구 및 재료 등을 시험 도중에 꺼내는 경우
    - 마네킹의 사전 준비상태 등 어느 하나라도 미준비하거나 사전 준비작업이 미흡한 경우

4 소독 방법

1. 소독제는 액상 또는 젤 타입으로 준비합니다.
2. 미용솜과 소독제를 담을 뚜껑이 있는 탈지면 용기를 함께 준비해야 합니다.
3. 소독제는 다른 화장품 준비물과 다르게 덜어오는 것이 가능합니다.

목차

1 과제 뷰티 메이크업

2 과제 시대 메이크업

Contents

3 과제 캐릭터 메이크업

4 과제 속눈썹 익스텐션 및 수염

1과제

뷰티 메이크업

PART 01 | 뷰티 메이크업의 이해

Section 1	뷰티 메이크업 기본 이론

뷰티 메이크업(Beauty make-up)은 얼굴의 장점을 부각시키고 단점을 커버해주어 아름답게 표현하는 메이크업 기법을 말한다. 아름다운 피부색을 표현하고, 색으로 얼굴에 입체감을 주는 메이크업을 하며, 웨딩 메이크업, 내추럴 메이크업, T.P.O 메이크업, 패션 메이크업 등이 이에 해당한다.

1 베이스 메이크업

베이스 메이크업이란 색조 메이크업의 첫 단계로 피부를 아름답게 표현하고 피부 결점을 커버하여 건강하고 매력적인 피부를 가질 수 있도록 하는 메이크업 과정이다.

1) 메이크업 베이스(Make-up base)

파운데이션 및 색조 화장으로부터 피부를 보호하고, 피부톤과 피부의 결을 보정하며, 파운데이션의 밀착력을 높이고 메이크업의 지속력을 높이는 역할을 한다.

피부의 요철을 메워 매끈한 피부표현을 가능하게 하는 실리콘 베이스 제품인 프라이머(Primer), 컬러감을 부여하는 컬러 컨트롤 베이스(Color control base), 글로시한 표현의 펄 메이크업 베이스(Shimmery make-up base), 촉촉한 표현의 수분 메이크업 베이스(Moisturized make-up base) 등이 있다.

2) 파운데이션(Foundation)

파운데이션은 자외선, 추위, 오염 등 외부자극으로부터 피부를 보호하고, 기미, 주근깨, 잡티 등 결점을 커버하며, 피부색을 조절하는 역할을 한다.

파운데이션의 컬러는 피부색에 가까운 베이스 컬러, 피부톤보다 1~2톤 밝은 하이라이트 컬러, 피부톤보다 1~2톤 어두운 섀딩 컬러로 구분되며, 종류로는 리퀴드 타입, 크림 타입, 스틱 타입, 파우더 파운데이션, 팬케이크 타입 등이 있다.

브러시 기법

스펀지 기법

① **묻히기** : 양 볼, 이마, 턱, 코에 파운데이션을 적당량 찍어 놓는다.

② **펴 바르기** : 먼저 양 볼을 피부결을 따라 안쪽에서 바깥쪽으로 가볍게 미는 슬라이딩 기법으로 골고루 펴 바른다.

③ **턱 바르기** : 파운데이션 스펀지를 아래에서 위로 눌러 주듯이 바른다.

④ **콧망울 주위 바르기** : 스펀지의 좁은 부분을 이용하여 엷게 펴 바른다.

⑤ **잔머리 부분 바르기** : 미간에서 헤어라인 쪽으로 끌어당기듯 펴 바른 뒤 잔머리가 난 부위는 톡톡 두드려 준다. 이때 경계가 지지 않도록 소량을 사용한다.

⑥ **눈꺼풀 바르기** : 자극을 주지 않도록 세심하게 바른다.

⑦ **밀착감 높이기** : 파운데이션을 잘 밀착시키기 위해 패팅(Patting) 기법으로 골고루 두드려 준다.

⑧ **유분 제거** : 티슈로 살짝 눌러주어 유분을 제거한다.

3) 컨실러(Concealer)

다크써클과 여드름 자국, 기미, 주근깨 등의 피부 결점을 가리고, 메이크업 부분수정 시 사용된다.

사용할 때에는 커버하고자 하는 곳의 부위와 색상을 고려하여 알맞은 컨실러의 색상, 질감을 선택하고 피부색과 그라데이션이 잘되도록 해야 한다. 종류는 리퀴드 타입, 크림 타입, 스틱 타입, 펜슬 타입 등이 있다.

4) 페이스 파우더(Face powder)

파우더는 파운데이션이 잘 안착되어 지속성을 높여주는 역할을 하며, 유·수분으로 인해 메이크업이 지워지지 않도록 도와주고 아름다운 피부색 표현과 함께 자외선으로부터 보호하는 역할을 한다.

파우더는 투명 파우더(Transparent powder), 피니시 파우더(Finish powder), 루스 파우더(Loose powder), 콤팩트 파우더(Compact powder) 등이 있으며, 어두운 피부에는 노랑, 붉은 피부 보정에는 초록, 노르스름한 피부 보정에는 보라, 피부를 화사하게 할 때에는 분홍과 피치색을 사용하는 것이 좋다.

파우더 바르는 방법

① 퍼프 사용하기
- 하나의 퍼프에 파우더를 덜어 다른 하나로 맞댄 후 비벼서 파우더의 양을 조절하고 퍼프에 고르게 퍼지도록 한다.
- 얼굴의 외곽에서부터 시작하여 안쪽 방향으로 가볍게 누르듯 발라준다.
- 퍼프를 반으로 접어 퍼프가 잘 닿지 않는 눈 밑, 코 주변까지 바른다.
- 남은 여분은 팬 브러시를 이용하여 털어내고 고르게 발릴 수 있도록 한다.

② 브러시 사용하기
- 파우더 브러시를 사용하여 파우더를 덜어내어 퍼프에 놓고 양을 조절한다.
- 얼굴의 넓은 부위부터 시작하여 중심에서 바깥쪽으로 둥글리며 발라준다.
- 팬 브러시로 여분을 정리한다.
- 파우더의 양 조절이 용이하며 브러시 크기에 따라 얼굴 부위별로 꼼꼼히 바를 수 있다.
- 커버력이 필요한 경우 납작한 브러시를 이용하여 두드리듯 눌러준다.

퍼프 기법

브러시 기법

2 아이 메이크업

1) 아이브로우

아이브로우는 인상을 결정짓는 중요한 요소이다. 적절하게 다듬고 잘 그려진 눈썹은 얼굴을 아름다워 보이게 하고 균형감 있게 만든다. 아이브로우는 일반적으로 모발이나 눈동자 색상, 색조 화장의 톤에 맞춰 색을 선택한다.

종류는 젤 타입(Gel type), 펜슬 타입(Pencil type), 케이크 타입(Cake type), 마스카라 타입(Mascara type) 등이 있다. 강하거나 고전적인 분위기를 연출할 때에는 검정색, 지적인 분위기나 부드러운 이미지 연출에는 갈색, 동양인의 자연스러운 눈썹을 표현할 땐 회색기가 도는 색상을 사용한다.

아이브로우 형태에 따른 특징

① 표준형
일자형에 가까운 기본형으로, 가장 자연스러운 이미지로 연출된다.

② 직선형
일자형으로, 길이가 길지 않고 눈썹 산이 낮게 표현되어 어리면서도 순수한 이미지로 연출된다.

③ 상승형

화살 모양으로, 눈썹 앞머리와 끝 부분의 높이 차이가 있으며 둥근형이나 각진 얼굴형에 잘 어울린다.

④ 각진형

지적인 느낌의 단정하고 세련된 이미지로, 둥근 얼굴형이나 길이가 짧은 얼굴형에 잘 어울린다.

⑤ 아치형

매혹적이면서 우아하고 여성적인 이미지로, 이마가 넓은 얼굴형에 잘 어울린다.

얼굴형에 따른 아이브로우

① 둥근형

약간 상승 느낌의 각진 아이브로우의 꼬리를 올려 갸름한 느낌을 강조한다.

② 사각형

각진 얼굴을 커버하기 위해 가늘지 않은 아치형 아이브로우를 완만한 곡선으로 그린다.

③ 긴 형

완만한 곡선을 이루는 자연스러운 일자형 아이브로우가 잘 어울린다. 아이브로우 꼬리를 약간 길게 그려 긴 얼굴형이 분할되어 보이는 효과가 있다.

④ **역삼각형**

아치형 아이브로우를 부드럽게 그려 날카로운 인상을
감소시킨다.

아이브로우 연출 방법

① 스크루 브러시를 이용하여 눈썹결대로 사선 아래 방향으로 빗겨준다.

② 눈썹 잔털을 다듬고 앞머리에서 뒤로 갈수록 서서히 가늘게 정리한다.

③ 눈썹 꼬리의 모가 길다면 아래 방향으로 빗겨준 후 끝 부분을 알맞게 잘라준다.

④ 브러시에 브라운색의 섀도를 소량 묻혀 눈썹 앞 부분부터 끝 부분까지 눈썹 안을 채
워주듯 바른다.

⑤ 눈썹의 결이 누워있는 중간 부분은 아이브로우 펜슬을 이용하여 눈썹결 그대로 살려준다.

⑥ 눈썹이 아래 방향으로 나 있는 끝 부분은 결대로 눈썹 안을 채워준다.

⑦ 눈썹 앞머리 부분은 눈썹결대로 펜슬을 이용하여 심듯이 살려준다.

⑧ 자연스럽지 않은 부분은 스크루 브러시로 빗어 자연스럽게 만들어준다.

펜슬 기법

브러시 기법

2) 아이섀도

아이섀도는 눈매에 색감을 부여하여 입체감을 주고, 눈의 단점을 보완하여 눈매를 더욱 돋보이게 하며, 다양한 컬러를 통해 개성을 연출한다. 종류는 케이크 타입(Cake type), 파우더 타입(Powder type), 크림 타입(Cream type), 펜슬 타입(Pencil type)이 있다.

색상과 부위에 따라 베이스 컬러(Base color), 포인트 컬러(Point color), 언더 컬러(Under color), 하이라이트 컬러(Highlight color)로 명칭을 구분한다.

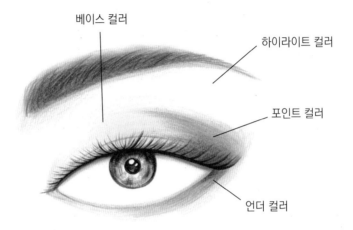

아이섀도의 기본 테크닉

① 원하는 컬러의 발색을 위해 화이트 또는 누드 계열 섀도를 바른 후 눈썹 주변도 깨끗하게 정리한다.

② 전체적으로 소량의 베이스 컬러를 바른다.

③ 베이스 컬러를 언더라인의 눈꼬리에서 앞머리 방향으로 자연스럽게 그라데이션 한다.

④ 포인트 컬러를 눈의 1/3 범위 안에서부터 아이 홀 경계 안쪽으로 자연스럽게 그라데이션 하며, 원하는 컬러가 나올 수 있도록 소량씩 덧바른다.

⑤ 포인트 컬러로 사용했던 섀도를 언더에도 자연스럽게 그라데이션 한다.

⑥ 하이라이트 컬러를 눈썹 뼈, 눈 앞머리 등에 발라 윤곽을 잡아준다.

3) 아이라이너(Eyeliner)

아이라이너는 눈을 또렷하게 강조하고 눈의 단점을 보정하여 눈의 모양을 예쁘게 만들거나 변화시키는 역할을 한다.

종류는 리퀴드 타입(Liquid type), 펜슬 타입(Pencil type), 케이크 타입(Cake type), 젤타입(Gel type), 붓펜 타입 등이 있다.

펜슬 기법

브러시 기법

4) 마스카라

마스카라는 속눈썹을 길고 풍부하게 보이게 하여 눈을 선명하고 또렷하게 해주며, 눈에 깊이감을 준다.

마스카라는 속눈썹을 뷰러로 컬링한 후 발라주거나 인조속눈썹 위에 덧바르기도 한다. 바를 때에는 모델의 눈두덩을 손으로 밀어 올려 고정시키고, 모델이 아래를 보게 한 후 바르는 것이 좋다.

마스카라 종류는 볼륨 마스카라, 롱래시 마스카라, 컬링 마스카라, 투명 마스카라, 섬유질 마스카라, 워터프루프 마스카라 등이 있다.

뷰러 사용 방법

마스카라 바르는 방법

5) 인조속눈썹(False Eyelashes)

인조속눈썹은 눈매를 크고 또렷하게 만들고 눈썹이 풍성해 보이는 효과를 주며, 양 눈의 쌍꺼풀 라인이 다른 경우 등의 수정 및 보완을 위한 도구로도 활용된다. 때와 장소에 따라 적절한 속눈썹을 선택하여 자연스러운 분위기를 연출할 수 있다.

인조속눈썹의 종류로는 한 가닥씩 떨어진 스트립 타입(Strip type)과 통째 쓰는 스트랜드 타입(Strand type) 등이 있다.

인조속눈썹 연출 방법

① 인조속눈썹을 아이라인에 얹어 인조속눈썹의 길이를 측정한다.
② 눈의 길이에 맞게 인조속눈썹을 자른다.
③ 속눈썹 접착제를 소량 덜어내어 속눈썹 대를 따라 접착제를 바른다.
④ 3~5초가 지난 후 트위저를 이용하여 아이라인에 자연스럽게 얹는다.
⑤ 트위저 또는 브러시를 이용해 접착된 부분을 따라 지그시 누른다.

인조속눈썹 길이 재기

인조속눈썹 붙이기

3 치크 메이크업

치크 메이크업은 얼굴 형태를 수정하고 얼굴에 혈색을 주어 여성스러움과 화사한 이미지를 연출하는 역할을 하며, 종류로는 크림 타입, 파우더 타입 등이 있다.

　로즈 핑크색은 우아하고 여성스러운 이미지, 파스텔톤의 화사한 핑크는 귀엽고 사랑스러운 이미지, 브라운 계열은 세련되고 지적인 이미지, 오렌지 계열은 건강하고 생동감 있는 이미지를 표현하는 데 사용된다.

브러시 기법(파우더 타입)

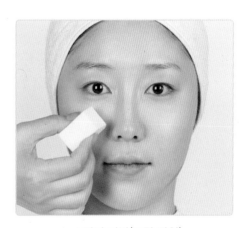

스펀지 기법(크림 타입)

얼굴형에 따른 치크 메이크업

① **둥근형**

관자놀이에서 앞 광대까지 사선 방향으로 그라데이션
하여 둥근 느낌을 최소화한다.

② **사각형**

볼의 넓은 부위를 둥글게 발라주어 시선이 안쪽으로 모
이게 함으로써 크고 각져 보이는 얼굴이 작아 보이도
록 연출한다.

③ **긴 형**

앞 광대 부분에서 귀를 향해 일직선으로 그라데이션 하
여 위·아래를 분할하는 느낌을 준다.

④ **역삼각형**

안에서 바깥방향으로 수평이 되도록 둥글게 그라데이
션 한다.

4 립 메이크업

립 메이크업은 얼굴 전체에 생기와 화사함을 더해주는 역할을 한다. 립 제품의 종류에 따라 다양한 질감과 볼륨감을 형성할 수 있다.

종류는 립펜슬(Lip pencil), 립스틱(Lipstick), 립글로스(Lip gloss), 립틴트(Lip tint), 립크림(Lip cream), 립라커(Lip lacquer) 등이 있다.

립 메이크업 기본 테크닉

① 파운데이션과 컨실러를 이용하여 립라인과 입술색을 수정한다.

② 입술 모양을 고려하여 립라인을 그린다.

③ 본래 입술보다 1~2㎜ 정도의 범위 내에서 수정하고 조정한다.

④ 립 브러시를 사용하여 입술이 좌우 대칭이 되도록 골고루 펴 바른다.

⑤ 립 주변을 컨실러 브러시를 이용하여 깨끗하게 정리한다.

⑥ 색상은 균일하고 매끈하게 바르고, 특히 입술산과 구각은 깔끔하게 바른다.

립라인에 따른 이미지

① 인커브(In curve)

귀엽고 여성스러운 이미지로 원래의 립라인보다 1~2mm 안쪽으로 그린다.

② 스트레이트(Straight curve)

립라인을 직선으로 표현하여 지적인 이미지를 나타낸다.

③ 아웃커브(Out curve)

섹시한 아름다움을 표현하는 입술 모양으로, 성숙하고 매력적인 분위기를 연출한다. 립라인보다 1~2mm 크게 그린다.

입술 모양에 따른 수정 방법

① 두꺼운 입술

컨실러를 이용하여 입술선을 수정한 후 어두운 컬러의 라이너로 윤곽을 잡아준다.

② 얇은 입술

컨실러를 이용하여 립라인을 수정한 후 1~2mm 바깥으로 그리고, 밝은 색상이나 립글로스를 이용해 볼륨감을 준다.

③ 윗입술이 두꺼운 경우

립라인을 수정한 후 윗입술선 안쪽으로 라이너를 이용해 윤곽을 잡아준 후 립 컬러를 바른다.

④ 주름이 많은 경우

립펜슬을 이용하여 립라인을 그린 후 유분기가 적은 연한 색을 사용하여 표현한다.

⑤ 아랫입술이 두꺼운 경우

컨실러를 이용하여 립라인을 수정한 후 립라인보다 1~2mm 정도 작게 윤곽을 잡아준 후 립 컬러를 바른다.

⑥ 구각이 처진 경우

아랫입술과의 조화를 고려하여 구각을 1mm 정도 위로 그리고 윗입술은 인커브로 그린다.

Section 2 뷰티 메이크업 테마 이론

1 뷰티 메이크업(내추럴)

내추럴 메이크업은 피부톤과 유사한 색을 사용한 자연스러운 이미지의 메이크업이다. 모델 얼굴의 개성을 감안하여 장점을 살리고, 잡티 등 단점을 커버하여 자연스러운 아름다움을 만들어 준다. 색감을 드러내기보다는 얼굴의 질감 및 형태를 정리하도록 한다.

베이스 메이크업		• 모델의 피부톤에 적합한 색과 질감의 메이크업 베이스를 선택하여 바른다. 지나치게 밝거나 펄이 많은 제품을 피한다. • 리퀴드 파운데이션을 자연스럽게 펴 바르고, 잡티는 컨실러를 이용하여 커버한다. 단, 컨실러는 두껍게 바르지 않도록 주의한다. • 투명 파우더를 적당히 발라 자연스럽게 표현한다.
색조 메이크업	아이브로우	• 눈썹은 모델의 눈썹결을 살려 자연스럽게 그린다.
	아이	• 펄이 없는 베이지, 라이트 브라운, 살구색 등의 피부톤과 유사한 색상의 아이섀도를 사용하며 브라운색을 자연스러운 악센트 컬러로 사용한다. • 눈매 보정은 섀도 타입이나 펜슬 타입으로 점막을 채우듯이 자연스럽게 그려 준다. 인조속눈썹을 붙이지 않고, 자연 속눈썹에 마스카라만을 발라 내추럴하게 표현한다.
	치크	• 펄이 거의 없는 하이라이트와 피부톤보다 한 톤 어두운 섀딩 컬러로 얼굴에 자연스러운 입체감을 준다. • 피치, 살구색 등으로 자연스러운 혈색을 준다.
	립	• 누드 핑크, 베이지 핑크로 자연스러운 혈색을 표현한다.
대표 색채		• 색상 : 베이지, 피치, 코랄, 라이트 브라운 계열 등 피부톤과 유사한 색 • 색조 : 라이트톤, 소프트톤 등 자연스러운 중간 톤

2 뷰티 메이크업(웨딩)

웨딩 메이크업은 결혼식을 위한 메이크업으로, 신성하고 순결한 신부의 이미지를 표현하는 메이크업이다.

> **이미지에 따른 웨딩 메이크업**

① 내추럴(Natural) 이미지

순수하고 청초한 이미지의 웨딩 메이크업이다. 피부톤을 밝고 자연스럽게 해주며, 온화하고 부드러운 톤으로 콘트라스트가 약한 유사배색으로 연출하는 것이 특징이다.

베이스 메이크업		• 모델의 피부톤보다 밝은 파운데이션으로 피부 결점을 커버하고, 컨실러로 잡티를 커버한다. • 색조의 사용이 제한적이므로 깨끗한 피부표현이 중요하다. • 베이지색의 파우더를 얇게 바른다.
색조 메이크업	아이브로우	• 눈썹결을 살려 브라운 계열의 자연스러운 눈썹을 그린다.
	아이	• 밝은 베이지색을 베이스 컬러로 사용한다. • 피부색과 유사한 색인 피치, 핑크 베이지, 오렌지 계열로 자연스러운 색조 메이크업을 한다. • 아이라이너 역시 자연스럽게 표현한다.
	치크	• 연한 핑크 또는 피치 계열의 색으로 자연스럽게 그라데이션 한다.
	립	• 핑크색의 립틴트로 입술 중앙에 혈색을 주고, 페일한 핑크 계열의 립글로스로 촉촉하게 표현한다.
대표 색채		• 색상 : 베이지, 핑크, 피치, 오렌지 등 • 색조 : 페일톤, 라이트톤 등

② 로맨틱(Romantic) 이미지

사랑스럽고 낭만적인 로맨틱 웨딩 메이크업은 귀엽고 사랑스러운 이미지의 신부에게 잘 어울린다. 파스텔톤 색상과 옐로우, 코럴, 핑크, 오렌지 등의 색을 사용하며, 계절적으로 는 봄과 잘 어울린다.

베이스 메이크업		• 모델의 피부톤에 따라 적합한 색과 질감의 메이크업 베이스를 선택하여 바른다. 펄이 조금 들어있는 메이크업 베이스를 균일하게 바르면 좋다. • 모델의 피부톤보다 한 톤 밝게 표현하여 화사한 피부를 연출한다. • 펄이 소량 들어있는 투명 또는 핑크 파우더를 바른다.
색조 메이크업	아이브로우	• 눈썹 산이 각지지 않게 둥근 느낌으로 부드럽게 그린다.
	아이	• 펄이 약간 가미된 밝은 톤의 핑크, 피치, 연보라 계열의 색이 어울리며, 눈의 음영을 강조하기보다는 로맨틱한 색감을 심플하게 표현하는 것이 좋다. • 크고 동그랗고 또렷한 눈매 표현을 위해 아이라인과 속눈썹을 강조하여 귀엽고 사랑스러운 신부 이미지를 만든다.
	치크	• 하이라이트와 섀딩 컬러로 얼굴에 입체감을 준다. • 페일톤의 핑크나 라벤더색으로 애플존 위치에 부드럽게 둥글려 마무리하여 사랑스러운 신부의 이미지를 표현한다.
	립	• 핑크나 채도가 낮은 누드 핑크 계열의 립 컬러를 글로시한 질감으로 표현한다.
대표 색채		• 색상 : 핑크, 피치, 코럴, 라이트 브라운 계열 등 • 색조 : 페일톤, 라이트톤, 라이트 그레이시톤, 소프트톤 등

③ 엘레강스(Ellegance) 이미지

우아하고 고상하며 품위 있는 스타일로, 성숙한 이미지의 신부 메이크업이다. 핑크, 퍼플, 베이지, 그레이 등의 부드러운 중간 색조의 색상과 회색을 띤 우아한 색상이 주로 사용된다.

베이스 메이크업		• 밝은색의 메이크업 베이스를 균일하게 바른다. • 웜톤의 리퀴드 파운데이션을 바르고, 컨실러로 피부 결점을 커버한다. • 하이라이트와 섀딩으로 컨투어링 메이크업을 한다.
색조 메이크업	아이브로우	• 여성스럽고 우아한 곡선 형태로 자연스럽게 그려준다.
	아이	• 펄이 살짝 들어간 베이지색으로 베이스 컬러를 바른다. • 베이지 브라운, 피치 등 차분한 톤의 색으로 포인트 컬러를 표현한다. • 브라운 계열의 아이라인을 이용하여 눈매를 교정한다.
	치크	• 피치, 오렌지 계열의 색으로 얼굴에 혈색을 준다. • 브론즈, 중간 톤의 브라운 계열의 색으로 광대뼈 아래에 음영을 준다.
	립	• 톤 다운된 피치 계열의 색으로 입술을 표현한다. • 립라이너로 입술 윤곽을 그리고, 입술라인을 컨실러로 정리하여 깨끗한 립라인을 그려준다.
대표 색채		• 색상 : 베이지, 베이지 브라운, 피치, 골드 브라운 등 • 색조 : 덜톤, 그레이시톤, 다크톤 등

④ 클래식(Classic) 이미지

클래식은 고전적, 전통적이라는 의미로, 유행과 관계없이 지속되어온 보편적 이미지의 웨딩 메이크업을 뜻한다. 우아하고 단아하며 고상한 이미지의 신부에게 잘 어울리며, 계절적으로는 가을의 이미지와 가깝다.

베이스 메이크업		• 펄이 적거나 없는 메이크업 베이스를 선택하여 투명하게 바른다. • 피부톤에 맞는 파운데이션으로 깨끗하게 표현하고, 컨실러로 커버한다. • T존과 눈 아래에는 피부톤보다 한 톤 밝은 색상을 하이라이트로 사용하고, 한 톤 어두운색으로 셰딩을 처리하여 얼굴 윤곽을 살린다. • 투명 파우더를 매트하게 마무리하여 유분기를 정리한다.
색조 메이크업	아이브로우	• 브라운이나 흑갈색으로 모델의 얼굴과 눈썹 형태를 고려하여 눈썹 산을 살짝 각지도록 선명하게 그려준다.
	아이	• 채도가 낮은 컬러들을 사용하여 차분하고 고상한 이미지를 표현한다. • 피치, 베이지 등의 색을 베이스 컬러로 사용하고, 브라운색으로 눈에 깊이감을 주듯 포인트를 만들어준다. 골드펄을 사용하여 화려함을 연출한다.
	치크	• 피치, 코럴, 로즈 핑크 등의 색으로 광대뼈를 감싸듯이 표현한다.
	립	• 클래식한 이미지에 어울리는 베이지 핑크, 로즈 핑크색 등을 사용하며, 입술 윤곽을 깨끗하게 정리한다.
대표 색채		• 색상 : 베이지, 브라운, 골드, 와인 등 • 색조 : 덜톤, 딥톤, 다크톤 등

3 뷰티 메이크업(한복)

우리나라의 전통 의상인 한복에 어울리는 고전적이고 전통적인 메이크업으로, 한복 저고리, 치마색을 고려하여 메이크업 컬러를 선택한다. 우아하고 단아한 이미지로 표현한다.

베이스 메이크업		• 펄이 적거나 없는 메이크업 베이스를 선택하여 투명하게 바른다. • 얼굴 중앙은 밝게, 얼굴 외곽은 어둡게 하여 얼굴 윤곽을 살린다. • 투명 파우더로 얼굴의 유분기를 정리한다.
색조 메이크업	아이브로우	• 브라운색으로 모델의 눈썹을 자연스럽게 살려주며, 눈썹 끝은 곡선형의 가늘고 긴 느낌으로 깨끗하게 정리한다.
	아이	• 펄이 살짝 가미된 코럴, 피치, 베이지 계열로 베이스를 하고, 브라운색 또는 한복 저고리의 소매 끝, 고름, 치마 색을 사용하여 포인트를 준다. • 아이라인을 그리고, 인조속눈썹과 마스카라를 사용하여 눈매를 보정한다.
	치크	• 피치, 코럴, 로즈 핑크 등의 오렌지 계열의 색이나 한복과 유사색상을 사용하여 블렌딩한다.
	립	• 오렌지 레드 또는 한복의 치마나 저고리에 있는 붉은 색상에 맞추어 입술을 칠한다. 일반적으로 침착하고 차분한 색을 사용한다.
대표 색채		• 색상 : 베이지, 코럴, 피치, 브라운 등 한복 의상색에 어울리는 색을 사용하거나 의상 색 중 일부 색을 사용 • 색조 : 스트롱톤, 덜톤, 딥톤 등 차분한 톤

1 시험안내 : 시험시간 40분

뷰티 메이크업 정의	뷰티 메이크업(Beauty Make-up)이란 얼굴의 장점을 부각시키고 단점을 커버해주어 아름답게 표현하는 메이크업 기법을 말한다. 아름다운 피부색을 표현하고, 얼굴에 입체감을 주는 메이크업을 하며, 웨딩 메이크업, 내추럴 메이크업, T.P.O 메이크업, 패션 메이크업 등이 이에 해당한다.
시술목표	• 화장품과 화장 도구의 종류와 사용법을 이해하고, 적절히 사용할 수 있다. • 피부 상태와 얼굴형에 따른 베이스 메이크업을 시술할 수 있다. • 주제에 맞는 포인트 메이크업의 컬러와 기법을 이해할 수 있다. • 숙련된 메이크업 테크닉으로 아름다운 메이크업을 완성할 수 있다.
시술과정	• 메이크업 시술 준비 및 소독 • 기초화장(스킨, 로션 등) • 베이스 메이크업(메이크업 베이스, 파운데이션, 컨실러, 파우더 등) • 포인트 메이크업(아이 메이크업, 치크 메이크업, 립 메이크업 등) • 마무리(메이크업 수정 및 정리)

2 **제1과제 종류 및 배점적용**

| 내추럴 | 웨딩(로맨틱) | 웨딩(클래식) | 한복 |

과제유형	제1과제(40분)	
	뷰티 메이크업	
작업대상	모델	
세부과제	내추럴	피부톤과 유사한 색을 사용한 자연스러운 이미지의 내추럴 메이크업을 시술한다.
	웨딩(로맨틱)	사랑스럽고 낭만적이며 부드러운 느낌의 로맨틱한 웨딩 메이크업을 시술한다.
	웨딩(클래식)	고전적, 전통적인 이미지에 우아하고 단아하며 기품을 유지하는 분위기의 웨딩 메이크업을 시술한다.
	한복	우리나라 전통 의상인 한복에 어울리는 한국의 고전적이고 우아한 미(美)를 표현하는 메이크업을 시술한다.
배점	30점 / 총 100점	

3 과제 준비물(제1과제 공통)

과제 유형		제1과제(40분)
		뷰티 메이크업
준비물	소독 및 위생	위생 가운, 어깨보, 헤어밴드, 타월, 소독제, 탈지면 용기, 탈지면, 위생봉투 등
	베이스 메이크업	메이크업 베이스, 파운데이션, 페이스 파우더 등
	포인트 메이크업	아이섀도 파레트, 립 파레트, 아이라이너, 마스카라, 아이브로우 펜슬, 인조속눈썹, 속눈썹 접착제 등
	기타 도구	메이크업 팔레트(플레이트 판), 눈썹칼, 눈썹 가위, 브러시 세트, 스폰지 퍼프, 분첩, 뷰러, 타월, 미용 티슈, 물티슈, 면봉, 족집게, 클렌징 제품 및 도구 등

세부과제 **1**　　**내추럴**

※ 시험시간 40분, 배점 30점

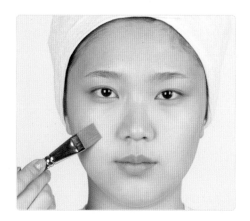

메이크업 시술 전

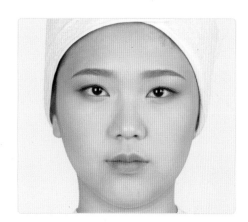

완성 메이크업

 1 중요 포인트

분류	특징
베이스 메이크업	• 모델 피부톤과 비슷한 리퀴드 파운데이션으로 자연스럽게 표현한다. • 얼굴형에 따라 자연스러운 셰딩과 하이라이트를 연출한다. • 투명 파우더로 자연스럽게 마무리한다.
아이 메이크업	• 모델의 눈썹의 결을 최대한 살려 자연스럽게 그린다. • 펄이 없는 베이지색으로 눈두덩과 언더라인 전체에 바른다. • 브라운색 아이섀도로 아이라인 주변을 가볍게 발라 자연스러운 포인트를 준다. 눈꼬리 언더라인 1/2~1/3에도 그라데이션 한다. • 아이라인은 브라운컬러의 섀도우 타입이나 펜슬 타입을 이용하여 점막을 채우듯이 그리고, 눈매를 아름답게 교정한다. • 뷰러로 속눈썹을 컬링하고, 마스카라를 바른다(인조속눈썹은 붙이지 않는다).
치크 메이크업	• 피치컬러로 광대뼈 안에서 바깥으로 블렌딩한다.
립 메이크업	• 베이지 핑크색으로 자연스럽게 마무리한다.

※ 지참 재료 및 도구를 사용하여 아래의 요구사항에 따라 뷰티 메이크업(내추럴)을 시험시간 내에 완성하시오.

가. 과제를 수행하기 전 수험자의 손 및 도구류를 소독한 후 제시된 도면을 참고하여 뷰티 메이크업 내추럴 스타일을 연출하시오.

나. 모델의 피부톤에 적합한 메이크업 베이스를 선택하여 얇고 고르게 펴 바르시오.

다. 베이스 메이크업은 모델 피부색과 비슷한 리퀴드 파운데이션을 사용하시오.

라. 피부의 결점 등을 커버하기 위하여 컨실러 등을 사용할 수 있으며, 파운데이션은 두껍지 않게 골고루 펴 바르고 투명 파우더를 사용하여 마무리하시오.

마. 눈썹의 표현은 모델의 눈썹의 결을 최대한 살려 자연스럽게 그려주시오.

바. 아이섀도의 표현은 펄이 없는 베이지색으로 눈두덩과 언더라인 전체에 바르시오.

사. 브라운색으로 도면과 같이 아이라인 주변을 바르고 눈두덩 위로 자연스럽게 그라데이션 한 후 눈꼬리 언더라인 1/2~1/3까지 그라데이션 하시오(단, 아이섀도 연출 시 아이홀 라인에 경계가 생기지 않게 그라데이션 하시오).

아. 아이라인은 브라운컬러의 섀도우 타입이나 펜슬 타입을 이용하여 점막을 채우듯이 속눈썹 사이를 메꾸어 그리고 눈매를 자연스럽게 교정하시오.

자. 뷰러를 이용하여 자연 속눈썹을 컬링하시오.

차. 속눈썹은 마스카라를 이용하여 자연스럽게 표현해주시오.

카. 치크는 피치컬러로 광대뼈 안쪽에서 바깥쪽으로 블렌딩하시오.

타. 립은 베이지 핑크색으로 자연스럽게 발라 마무리하시오.

1 모델은 문신(눈썹, 아이라인, 입술 등), 속눈썹 연장 및 메이크업이 되어 있지 않은 상태이어야 합니다.

2 스파츌라, 속눈썹 가위, 족집게, 눈썹칼 등의 도구류 사용 전 소독제로 소독해야 합니다.

3 메이크업 베이스, 파운데이션을 펴 바를 때 스펀지 퍼프 또는 브러시를 사용해야 합니다.

4 아이섀도, 치크, 립 등의 표현 시 브러시 등의 적합한 도구를 사용해야 합니다.

5 화장품은 요구사항에 지정된 제형 외에는 타입에 상관없이 자유롭게 사용할 수 있습니다.

4 과제 도면

5 시술 과정

❶ 과제를 수행하기 전 수험자의 손 및 도구류를 소독한다.

❷ 제시된 도면을 참고하여 내추럴 메이크업 스타일을 연출한다.

❸ 모델의 피부톤에 적합한 메이크업 베이스를 선택하여 얇고 고르게 펴 바른다.

❹ 모델의 피부톤에 맞춰 두껍지 않고 자연스럽게 리퀴드 파운데이션을 바른다.
Tip 내추럴 메이크업의 베이스는 두꺼워지지 않게 주의

❺ 잡티 및 다크써클, 입 주변, 코 주변 등을 컨실러로 깨끗하게 정리한다.
Tip 컨실러 처리로 베이스가 두꺼워지지 않도록 주의

❻ 얼굴형에 따라 한 톤 어두운 파운데이션으로 자연스럽게 윤곽 수정을 한다.

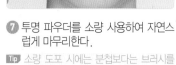

❼ 투명 파우더를 소량 사용하여 자연스럽게 마무리한다.
Tip 소량 도포 시에는 분첩보다는 브러시를 이용하면 용이함

8 눈 주변은 베이스 브러시 등을 이용하여 파우더를 가볍게 얹어준다.
Tip 눈 언더의 번짐 현상을 방지함

9 눈썹의 표현은 모델의 눈썹의 결을 최대한 살려 자연스럽게 그려준다.

10 Tip 눈썹 앞머리는 아이브로우 섀도를 사용하여 자연스럽게 표현함

11 베이스 컬러로 펄이 없는 베이지색을 눈두덩에 바른다.

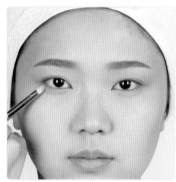

12 언더라인 전체에도 펄 없는 베이지색을 바른다.

13 브라운색으로 도면과 같이 아이라인 주변을 바른다.

14 경계가 생기지 않도록 자연스럽게 그라데이션 한다.
Tip 베이지색과 브라운색 사이에 경계가 생기지 않도록 그라데이션 한다.

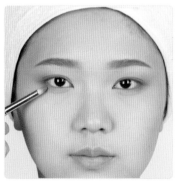

15 눈꼬리 언더라인 1/2~1/3에도 브라운 섀도를 바른 후 그라데이션 한다.

16 아이홀 라인에 경계가 지지 않도록 자연스럽게 그라데이션 처리한다.

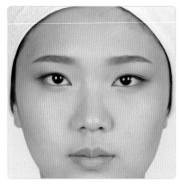

⑰ 아이라인은 브라운의 쉐도 타입이나 펜슬 타입을 이용하여 점막을 채우듯이 속눈썹 사이를 메꾸어 그린다.

⑱ 눈꼬리 부분을 도면과 같이 그려 눈매를 자연스럽게 교정한다.

Tip 아이라인이 두껍거나 진해지지 않도록 주의

⑲ 뷰러를 이용하여 자연 속눈썹을 컬링한다.

⑳ 속눈썹은 마스카라를 이용하여 자연스럽게 표현해준다.
Tip 내추럴 메이크업은 인조속눈썹을 붙이지 않음

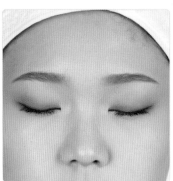
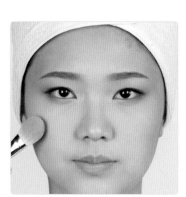

㉑ 아이 메이크업 완성

㉒ 치크는 피치컬러로 광대뼈 안쪽에서 바깥쪽으로 블렌딩한다.

㉓ **Tip** 블러셔의 양 조절이 안 되어 진하게 표현되었거나 자연스럽지 않은 경우 소량의 파우더를 얹어 그라데이션 하면 좋음

㉔ 립은 베이지 핑크색으로 자연스럽게 발라 마무리한다. 입술 산과 입술라인을 자연스럽게 표현한다.

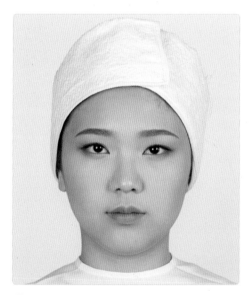

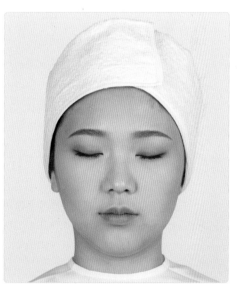

㉕ 완성 메이크업

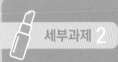

세부과제 2 **웨딩(로맨틱)**

※ 시험시간 40분, 배점 30점

메이크업 전

완성 메이크업

 1 중요 포인트

분류	특징
베이스 메이크업	• 모델의 피부보다 한 톤 밝게 표현한다. • 얼굴형에 따라 자연스러운 섀딩과 하이라이트를 연출한다. • 파우더로 가볍게 마무리한다.
아이 메이크업	• 모델의 눈썹에 맞추어 흑갈색으로 눈썹 산이 각지지 않게 둥근 느낌의 눈썹을 그린다. • 펄이 약간 가미된 연핑크색으로 눈두덩과 언더라인 전체에 바른다. • 연보라색 아이섀도로 자연스러운 포인트를 준다. • 아이라인은 속눈썹 사이를 메꾸고, 눈매를 아름답게 교정한다. • 뷰러로 자연 속눈썹을 컬링하고, 인조속눈썹을 붙인 후 마스카라를 바른다.
치크 메이크업	• 핑크색으로 애플존 위치에 둥근 느낌의 치크 메이크업을 한다.
립 메이크업	• 핑크색으로 입술 안쪽을 짙게 바르고 바깥으로 그라데이션 한 후 립글로스로 촉촉하게 마무리한다.

2 요구 사항

※ 지참 재료 및 도구를 사용하여 아래의 요구사항에 따라 뷰티 메이크업 웨딩(로맨틱)을 시험시간 내에 완성하시오.

가. 과제를 수행하기 전 수험자의 손 및 도구류를 소독한 후 제시된 도면을 참고하여 웨딩(로맨틱) 메이크업 스타일을 연출하시오.

나. 모델의 피부톤에 적합한 메이크업 베이스를 선택하여 얇고 고르게 펴 바르시오.

다. 모델의 피부보다 한 톤 밝게 표현하시오.

라. 섀딩과 하이라이트 후 파우더로 가볍게 마무리하시오.

마. 모델의 눈썹 모양에 맞추어 흑갈색으로 그리되 눈썹 산이 각지지 않게 둥근 느낌으로 그리시오.

바. 아이섀도는 펄이 약간 가미된 연핑크색으로 눈두덩과 언더라인 전체에 바르시오.

사. 연보라색 아이섀도로 도면과 같이 아이라인 주변을 짙게 바르고 눈두덩 위로 자연스럽게 그라데이션 한 후 눈꼬리 언더라인 1/2~1/3까지 그라데이션 하시오(단, 아이섀도 연출 시 아이홀 라인에 경계가 생기지 않게 그라데이션 하시오).

아. 아이라인은 아이라이너로 속눈썹 사이를 메꾸어 그리고 눈매를 아름답게 교정하시오.

자. 뷰러를 이용하여 자연 속눈썹을 컬링하시오.

차. 인조속눈썹은 모델 눈에 맞춰 붙이고, 마스카라를 발라주시오.

카. 치크는 핑크색으로 애플존 위치에 둥근 느낌으로 바르시오.

타. 립은 핑크색으로 입술 안쪽을 짙게 바르고 바깥으로 그라데이션 한 후 립글로스로 촉촉하게 마무리하시오.

3 수험자 유의사항

① 모델은 문신(눈썹, 아이라인, 입술 등), 속눈썹 연장 및 메이크업이 되어 있지 않은 상태이어야 합니다.

② 스파출라, 속눈썹 가위, 족집게, 눈썹칼 등의 도구류를 사용 전 소독제로 소독해야 합니다.

③ 메이크업 베이스, 파운데이션을 펴 바를 때 스펀지 퍼프 또는 브러시를 사용해야 합니다.

④ 아이섀도, 치크, 립 등의 표현 시 브러시 등의 적합한 도구를 사용해야 합니다.

⑤ 화장품은 요구사항에 지정된 제형 외에는 타입에 상관없이 자유롭게 사용할 수 있습니다.

4 과제 도면

자격종목	미용사 (메이크업)	과제명	뷰티 메이크업 웨딩(로맨틱)	척도	NS

5 시술 과정

① 과제를 수행하기 전 수험자의 손 및 도구류를 소독한다.

② 웨딩(로맨틱) 메이크업 스타일의 도면을 참고한다.

③ 모델의 피부톤에 적합한 메이크업 베이스를 선택하여 얇고 고르게 펴 바른다.

④ 모델의 피부보다 한 톤 밝게 파운데이션을 발라 표현한다.

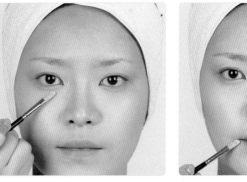

⑤ 잡티 및 다크써클을 가리고, 입 주변, 코 주변 등을 컨실러로 깨끗하게 정리한다.
Tip 입술 주변에 미리 컨실러 처리를 해두면 립 메이크업을 깨끗하게 표현하는 데 도움이 됨

⑥ 얼굴형에 따라 자연스럽게 윤곽 수정을 한다.
Tip 섀딩은 얼굴 안쪽으로 자연스럽게 그라데이션 함

⑦ T존, 눈 밑 등 하이라이트 부위를 체크하고, 하이라이트를 표현한다.

⑧ 하이라이트를 자연스럽게 그라데이션 한다.

⑨ 파우더로 가볍게 마무리한다.

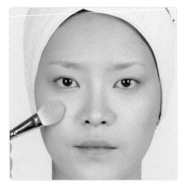

⑩ 가볍게 하이라이트와 섀딩용 파우더 를 터치한다.

⑪ 모델의 눈썹 모양에 맞추어 흑갈색으 로 그리되 눈썹 산이 각지지 않게 둥 근 느낌으로 그린다.

⑫ 아이섀도는 펄이 약간 가미된 연핑크색으로 눈두덩과 언더라인 전체에 바른다.

⑬ 연보라색 아이섀도로 도면과 같이 아 이라인 주변을 짙게 바른다.

⑭ 연보라색 아이섀도를 눈두덩 위로 자 연스럽게 그라데이션 한다.

⑮ 눈꼬리 언더라인 1/2~1/3까지 그라 데이션 한다.

⑯ 아이섀도 연출 시 아이홀 라인의 경계가 생기지 않게 그라데이션 한다.

⑰ 아이라인은 아이라이너로 속눈썹 사이를 메꾸어 준다.

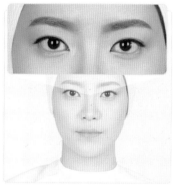

⑱ 눈매 교정을 위해 아이라인의 눈꼬리 부분을 연출한다.

⑲ 뷰러를 이용하여 자연 속눈썹을 컬링한다.

⑳ 인조속눈썹을 붙이기 전에 길이를 조절한다.

Tip 인조속눈썹의 긴 부분이 눈꼬리쪽에 위치하도록 붙이는 것이 좋음

㉑ 인조속눈썹을 모델 눈에 맞춰 붙인다.

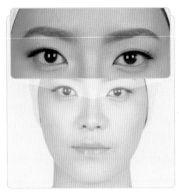

㉒ 마스카라를 바른다. 모델의 속눈썹과 인조속눈썹이 분리되지 않도록 주의한다.

Tip 필요시 뷰러를 이용해 자연 속눈썹과 인조속눈썹을 붙여줌

㉓ 아이 메이크업 완성

㉔ 치크는 핑크색으로 애플존 위치에 둥근 느낌으로 바른다.

㉕ 립은 핑크색으로 입술 안쪽을 짙게 바르고, 바깥쪽으로 그라데이션 한다.

㉖ 립글로스로 촉촉하게 마무리한다.

㉗ 필요시 입 주변을 컨실러로 깨끗하게 정리한다.

Tip 컨실러 펜슬, 브러시 등을 이용한다.

㉘ 완성 메이크업

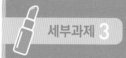 **세부과제 3** **웨딩(클래식)**

※ 시험시간 40분, 배점 30점

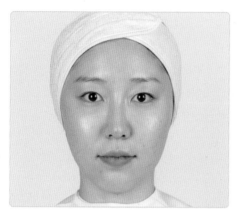

메이크업 전

완성 메이크업

 **1 중요 포인트**

분류	특징
베이스 메이크업	• 모델의 피부톤에 맞추어 <u>깨끗한 피부톤</u>을 표현한다. • 얼굴형에 따라 자연스러운 셰딩과 하이라이트를 연출한다. • 파우더로 <u>매트하게</u> 마무리한다.
아이 메이크업	• 모델의 눈썹에 맞추어 <u>흑갈색</u>으로 <u>각진 눈썹 산</u>을 그린다. • <u>피치색</u>의 아이섀도를 눈두덩 전체에 바른다. • <u>브라운색</u> 아이섀도로 속눈썹 라인에 깊이감을 주고 펴 바른다. • 아이라인은 속눈썹 사이를 메꾸고, 눈매를 아름답게 교정한다. • 뷰러로 자연 속눈썹을 컬링하고, <u>뒤쪽이 긴 인조속눈썹</u>을 붙인 후 마스카라를 바른다.
치크 메이크업	• <u>피치색</u>으로 광대뼈 바깥에서 안쪽으로 블렌딩한다.
립 메이크업	• <u>베이지 핑크색</u>으로 칠하고, 입술라인을 선명하게 표현한다.

2 요구 사항

※ 지참 재료 및 도구를 사용하여 아래의 요구사항에 따라 뷰티 메이크업 웨딩(클래식)을 시험시간 내에 완성하시오.

가. 과제를 수행하기 전 수험자의 손 및 도구류를 소독한 후 제시된 도면을 참고하여 뷰티 메이크업 웨딩(클래식) 스타일을 연출하시오.

나. 모델의 피부톤에 적합한 메이크업 베이스를 선택하여 얇고 고르게 펴 바르시오.

다. 모델의 피부톤에 맞춰 결점을 커버하여 깨끗하게 피부표현 하시오.

라. 섀딩과 하이라이트로 윤곽 수정 후 파우더로 매트하게 마무리하시오.

마. 모델의 눈썹 모양에 맞추어 흑갈색으로 그리되 눈썹 산이 약간 각지도록 그려주시오.

바. 피치색의 아이섀도를 눈두덩 전체에 펴 바른 후 브라운색으로 속눈썹 라인에 깊이감을 주고, 눈두덩 위로 펴 바르시오.

사. 눈 앞머리의 위·아래에는 골드 펄을 발라 화려함을 연출하시오(단, 아이섀도 연출 시 아이홀 라인의 경계가 생기지 않게 그라데이션 하시오).

아. 아이라인은 속눈썹 사이를 메꾸어 그리고 눈매를 아름답게 교정하시오.

자. 뷰러를 이용하여 자연 속눈썹을 컬링하시오.

차. 인조속눈썹은 뒤쪽이 긴 스타일로 모델 눈에 맞춰 붙이고, 마스카라를 발라주시오.

카. 치크는 피치색으로 광대뼈 바깥에서 안쪽으로 블렌딩하시오.

타. 립 컬러는 베이지 핑크색으로 바르고 입술라인을 선명하게 표현하시오.

3 수험자 유의사항

❶ 모델은 문신(눈썹, 아이라인, 입술 등), 속눈썹 연장 및 메이크업이 되어 있지 않은 상태이어야 합니다.

❷ 스파출라, 속눈썹 가위, 족집게, 눈썹칼 등의 도구류를 사용 전 소독제로 소독해야 합니다.

❸ 메이크업 베이스, 파운데이션을 펴 바를 때 스펀지 퍼프 또는 브러시를 사용해야 합니다.

❹ 아이섀도, 치크, 립 등의 표현 시 브러시 등 적합한 도구를 사용해야 합니다.

❺ 화장품은 요구사항에 지정된 제형 외에는 타입에 상관없이 자유롭게 사용할 수 있습니다.

자격종목	미용사 (메이크업)	과제명	뷰티 메이크업 웨딩(클래식)	척도	NS

5 시술 과정

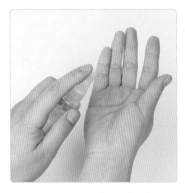

❶ 과제를 수행하기 전 수험자의 손 및 도구류를 소독한다.

❷ 웨딩(클래식) 메이크업 스타일의 도면을 참고한다.

❸ 모델의 피부톤에 적합한 메이크업 베이스를 선택하여 얇고 고르게 펴 바른다.

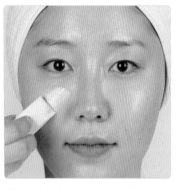

❹ 모델의 피부톤에 맞춰 결점을 커버하여 깨끗하게 피부표현 한다.

❺ 컨실러를 이용하여 잡티 커버 및 다크써클, 입 주변, 코 주변 등의 톤을 보정한다.

❻ 얼굴형에 따라 섀딩을 처리하고, 자연스럽게 그라데이션 한다.

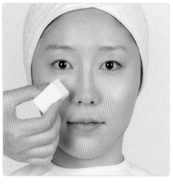

❼ T존, 눈 밑 등 하이라이트 부위를 체크하고, 하이라이트를 표현한다.

❽ 파우더로 매트하게 마무리한다.

Tip 웨딩(클래식) 메이크업의 베이스는 번들거리지 않도록 함

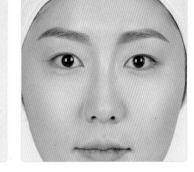

⑨ 모델의 눈썹 모양에 맞추어 흑갈색으로 그리되 눈썹 산이 약간 각지도록 그려준다.

⑩ 눈썹의 좌우 균형 및 모양을 확인한다.

Tip 일반적으로 자연 눈썹은 대칭이 아닌 경우가 많으므로 눈썹 앞머리의 높이를 주의해서 그리기 시작함

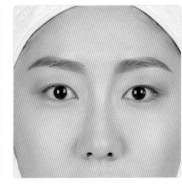

⑪ 피치색의 아이섀도를 눈두덩 전체에 펴 바른다. 아이라인부터 바르기 시작하여 눈두덩 위로 자연스럽게 그라데이션 한다.

⑫ 브라운색을 포인트 컬러로 사용하여 속눈썹 라인에 깊이감을 준다.

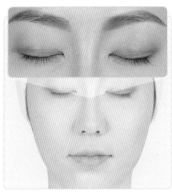

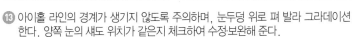

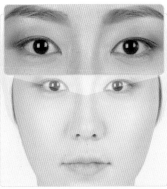

⑬ 아이홀 라인의 경계가 생기지 않도록 주의하며, 눈두덩 위로 펴 발라 그라데이션 한다. 양쪽 눈의 섀도 위치가 같은지 체크하여 수정·보완해 준다.

⑭ 눈 앞머리의 위·아래에는 골드 펄을 발라 화려함을 연출한다.

⑮ 아이라인으로 속눈썹 사이를 메꾸어 그린다.

⑯ 눈매를 아름답게 교정하며 아이라인 을 마무리한다.

⑰ 뷰러를 이용하여 자연 속눈썹을 컬링 한다.

⑱ 인조속눈썹은 뒤쪽이 긴 스타일로 선택하여 뒤쪽을 잘라 사용하도록 한다. 인조속 눈썹은 모델의 눈 길이에 비해 너무 길지 않도록 잘라 사용해야 한다.

⑲ 모델 눈에 맞춰 붙인다.

⑳ 마스카라를 발라준다.

Tip 모델의 속눈썹과 인조속눈썹이 분리되지 않도록 뷰러를 이용하여 붙임. 이때 마스카라가 뭉치지 않도록 주의

㉑ 치크는 피치색으로 광대뼈 바깥에서 안쪽으로 블렌딩한다.

Tip 치크의 외곽은 자연스럽게 그라데이션 해야 하며, 뭉치지 않도록 주의

㉒ 립 컬러는 베이지 핑크색으로 바른다.

㉓ 입술라인을 선명하게 표현한다.

Tip 입 주변을 컨실러 처리하면 입술라인이 선명하게 표현됨. 이때 컨실러 양을 많이 사용하게 되면 오히려 입 주변이 두드러져 보일 수 있으므로 세심한 터치가 필요함

㉔ 완성 메이크업

세부과제 **4** 　한복

※ 시험시간 40분, 배점 30점

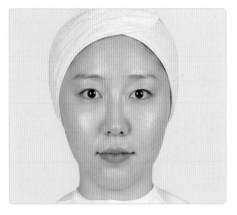
메이크업 전

완성 메이크업

1 중요 포인트

분류	특징
베이스 메이크업	• 모델의 피부에 맞추어 <u>깨끗하게</u> 표현한다. • 얼굴형에 따라 자연스러운 섀딩과 하이라이트를 연출한다. • 파우더로 <u>매트하게</u> 마무리한다.
아이 메이크업	• 모델의 눈썹 모양에 맞추어 <u>자연스러운 브라운 컬러</u>로 도면과 같이 아치형으로 그린다. • 펄이 약간 가미된 <u>피치색</u>으로 눈두덩과 언더라인 전체에 바른다. • <u>브라운색</u> 아이섀도로 아이라인 주변을 짙게 발라 자연스러운 포인트를 준다. 눈꼬리 언더 　라인 1/2~1/3에도 칠한다. • 아이라인은 속눈썹 사이를 메꾸고, 눈매를 아름답게 교정한다. • 뷰러로 자연 속눈썹을 컬링하고, 인조속눈썹을 붙인 후 마스카라를 바른다.
치크 메이크업	• <u>오렌지 계열색</u>으로 <u>광대뼈 위쪽에서 안에서 바깥</u>으로 블렌딩한다.
립 메이크업	• <u>오렌지 레드색</u>으로 입술라인을 선명하게 표현하듯 칠한다.

2 요구 사항

※ 지참 재료 및 도구를 사용하여 아래의 요구사항에 따라 뷰티 메이크업(한복)을 시험시간 내에 완성하시오.

가. 과제를 수행하기 전 수험자의 손 및 도구류를 소독한 후 제시된 도면을 참고하여 뷰티 메이크업(한복) 스타일을 연출하시오.

나. 모델의 피부톤에 적합한 메이크업 베이스를 선택하여 얇고 고르게 펴 바르시오.

다. 모델의 피부톤에 맞춰 결점을 커버하여 깨끗하게 피부표현 하시오.

라. 섀딩과 하이라이트 후 파우더로 가볍게 마무리하시오.

마. 모델의 눈썹 모양에 맞추어 자연스러운 브라운 컬러의 눈썹을 표현하시오.

바. 아이섀도의 표현은 펄이 약간 가미된 피치색으로 눈두덩과 언더라인 전체에 펴 바르시오.

사. 브라운색 아이섀도로 도면과 같이 아이라인 주변을 짙게 바르고 눈두덩 위로 자연스럽게 그라데이션 한 후 눈꼬리 언더라인 1/2~1/3까지 그라데이션 하시오(단, 아이섀도 연출 시 아이홀 라인에 경계가 생기지 않게 그라데이션 하시오).

아. 언더라인에는 밝은 크림색 섀도를 덧발라 애교살이 돋보이도록 하시오.

자. 아이라인은 속눈썹 사이를 메꾸어 그리고 눈매를 아름답게 교정하시오.

차. 뷰러를 이용하여 자연 속눈썹을 컬링 하시오.

카. 인조속눈썹은 모델 눈에 맞춰 붙이고, 마스카라를 발라주시오.

타. 치크는 오렌지 계열로 광대뼈 위쪽에서 안에서 바깥으로 블렌딩해서 바르시오.

파. 립 컬러는 오렌지 레드색으로 바르고 입술라인을 선명하게 표현하시오.

3 수험자 유의사항

❶ 모델은 문신(눈썹, 아이라인, 입술 등), 속눈썹 연장 및 메이크업이 되어 있지 않은 상태이어야 합니다.

❷ 스파출라, 속눈썹 가위, 족집게, 눈썹칼 등의 도구류를 사용 전 소독제로 소독해야 합니다.

❸ 메이크업 베이스, 파운데이션을 펴 바를 때 스펀지 퍼프 또는 브러시를 사용해야 합니다.

❹ 아이섀도, 치크, 립 등의 표현 시 브러시 등의 적합한 도구를 사용해야 합니다.

❺ 화장품은 요구사항에 지정된 제형 외에는 타입에 상관없이 자유롭게 사용할 수 있습니다.

4 과제 도면

자격종목	미용사 (메이크업)	과제명	뷰티 메이크업 (한복)	척도	NS

5 시술 과정

❶ 과제를 수행하기 전 수험자의 손 및 도구류를 소독한다.

❷ 한복 메이크업 스타일의 도면을 참고한다.

❸ 모델의 피부톤에 적합한 메이크업 베이스를 선택하여 얇고 고르게 펴 바른다.

❹ 모델의 피부톤에 맞춰 결점을 커버하여 깨끗하게 파운데이션을 바른다.

❺ 컨실러를 이용하여 잡티 커버 및 다크 서클, 입 주변, 코 주변 등의 톤을 보정한다.

❻ 얼굴형에 따라 한 톤 어두운 파운데이션 등으로 윤곽을 수정한다.

❼ 셰딩한 부위를 자연스럽게 그라데이션 한다.

Tip 셰딩은 얼굴 바깥쪽에서 안쪽으로 그라데이션함

❽ T존, 눈 밑 등 하이라이트를 표현한다.

❾ 파우더로 매트하게 마무리한다.

Tip 한복 메이크업에는 매트한 피부표현이 어울림

 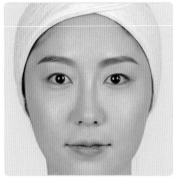

⑩ 모델의 눈썹 모양에 맞추어 자연스러운 브라운색의 눈썹을 표현한다.

⑪ 눈썹의 좌우 균형 및 모양을 확인한다.

Tip 한복의 전통적 이미지에 어울리는 자연스러운 아치형으로 표현함

⑫ 베이스 아이섀도는 펄이 약간 가미된 피치색을 눈두덩에 바른다.

⑬ 경계가 생기지 않도록 그라데이션 한다.

⑭ 피치색 아이섀도를 언더라인 전체에 펴 바른다.

⑮ 브라운색 아이섀도를 포인트 컬러로 사용하여 아이라인 주변을 짙게 바른다.

⑯ 포인트 아이섀도가 경계지지 않도록 자연스럽게 그라데이션 한다.

⑰ 눈꼬리 언더라인 1/2~1/3까지 브라운색 아이섀도로 그라데이션 한다.

⑱ 언더라인에는 밝은 크림색 섀도를 덧발라 애교살이 돋보이도록 한다.

⑲ 아이섀도 완성

 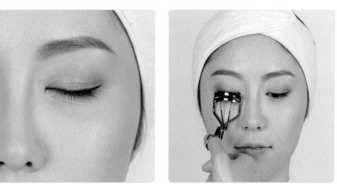

⑳ 아이라인은 속눈썹 사이를 메꾸어 그리고 눈매를 아름답게 교정한다.

㉑ 뷰러를 이용하여 자연 속눈썹을 컬링한다.

㉒ 인조속눈썹을 모델 눈에 맞춰 잘라 사용한다.

㉓ 인조속눈썹을 깔끔하게 붙인다.

㉔ 마스카라를 바른다.

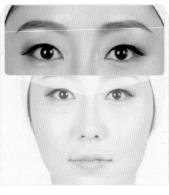

25 **Tip** 인조속눈썹과 모델의 속눈썹이 분리되지 않도록 뷰러를 사용하여 붙임. 마스카라가 뭉치지 않도록 주의

26 아이 메이크업 완성

27 치크는 오렌지 계열로 광대뼈 위쪽에서 안에서 바깥으로 그라데이션 한다.

28 오렌지 레드색을 이용하여 입술을 표현한다.

29 **Tip** 입 주변을 컨실러 처리하여 입술라인을 선명하게 표현하도록 함

30 완성 메이크업

memo

2 과제

시대 메이크업

1 1910년대

1) 1909년 러시아 발레단 공연의 영향으로 오리엔탈 풍의 화장이 유행하였다.

2) '테다 바라(Theda Bara)', '폴라 네그리(Pola Negri)' 등의 무성 영화 여배우들의 메이크업이 일반인들에게 유행하였는데, 눈 주위를 검게 그리고 입술은 얇고 또렷하게 그렸다.

테다 바라
(Theda Bara)

폴라 네그리
(Pola Negri)

2 1920년대

1) 1차 세계대전으로 여성들이 사회에 진출하게 되면서 여성의 지위 향상과 함께 사고방식도 자유로워졌으며, 재즈(Jazz)가 유행하였다.

2) 보브(Bob) 스타일의 짧은 머리와 무릎까지 오는 짧은 치마가 유행하였고, 클로쉐(Cloche)라는 종 모양의 모자가 유행하였다.

클라라 보우
(Clara Bow)

루이스 브룩스
(Louise Brooks)

3) '클라라 보우', '루이스 브룩스' 등의 배우들처럼 눈썹은 가늘게 다듬고 연필로 정교하게 그렸으며, 커다란 눈과 앵두같이 작은 빨간색 입술의 여성스러운 메이크업이 유행하였다.

✓1920년대에는 가늘고 긴 정교한 눈썹과 거무스름한 아이 메이크업, 작고 빨간 입술의 립 메이크업이 유행하였다.

3 1930년대

1) 경제공황과 불황으로 인한 어두운 현실에서 벗어나고자 영화의 화려함에 빠져들었으며, 할리우드 영화가 전성기를 맞이하게 되었다.

2) '그레타 가르보'와 '마를렌 디트리히' 등 성숙한 이미지의 여배우들이 인기를 끌었으며, 일반인들은 영화배우의 메이크업을 따라 하였다.

그레타 가르보
(Greta Garbo)

마를렌 디트리히
(Marlene Dietrich)

3) 가는 활 모양의 아치형 눈썹, 깊은 아이홀과 속눈썹이 특징인 눈화장, 붉은 입술화장이 유행하였다.

✔ 1930년대에는 성숙한 여성의 이미지가 유행했으며, 가는 활 모양의 아치형 눈썹과 깊은 아이홀이 특징이었다.

4) 1930년대 메이크업의 아이브로우 테크닉

수정 전   수정 후

✔ 아이브로우 지우기

① 스프리트 검을 눈썹에 바른다.
② 스프리트 검이 굳기 시작하면 스파출라를 이용해서 눈썹을 피부에 접착시킨다.
③ 접착된 눈썹 위에 왁스를 얇게 얹어준다.
④ 실러를 이용하여 눈썹 표면을 커버한다.
⑤ 실러가 굳으면 컨실러나 파운데이션을 이용하여 꼼꼼하게 커버한다.
⑥ 파우더를 얹어 마무리한다.

4 1940년대

1) 2차 세계대전의 영향으로 강인한 여성 이미지를 선호하여 두껍고 뚜렷한 눈썹, 선명한 눈화장, 도톰한 입술화장을 한 강하고 관능적인 여성미가 유행하였다.

2) 대표적인 여배우는 '잉그리드 버그만', '리타 헤이워드' 등이 있다.

잉그리드 버그만
(Ingrid Bergman)

리타 헤이워드
(Rita Hayworth)

5 1950년대

1) 세계대전이 끝난 1950년대는 미국이 문화의 중심이 되었고, 컬러 TV의 등장으로 배우들의 메이크업이 일반인들 사이에서 크게 유행하였다.

2) 세계대전이 끝난 후 여성들은 다시 가정으로 돌아왔으며, 모성적이고 청순한 여성미를 강요받았다.

마릴린 먼로
(Marilyn Monroe)

오드리 헵번
(Audrey Hepburn)

3) 1950년대 대표적인 미인은 청순한 이미지의 '오드리 헵번'과 섹시한 이미지의 '마릴린 먼로'였다.

4) 마릴린 먼로는 길게 붙인 속눈썹, 살구색의 아이섀도, 빨간색의 입술, 입가의 애교점으로 섹시한 이미지를 만들었다.

> ✔1950년대 대표 여배우로는 섹시한 이미지의 마릴린 먼로, 청순한 이미지의 오드리 헵번이 있다.

6 1960년대

1) 팝아트, 옵아트의 현대적인 스타일 과 히피스타일이 유행하였던 시기로, 젊은이들의 실험적인 패션이 유행하였다.

2) 대표적인 미인은 자유로운 이미지의 영국 패션모델 '트위기'와 육감적인 프랑스 배우 '브리짓 바르도'가 있다.

트위기
(Twiggy)

브리지트 바르도
(Brigitte Bardot)

3) '트위기'는 마른 몸매와 귀여운 화장 으로 전 세계 유행을 선도하였으며, 파스텔톤의 아이섀도로 강조한 아이홀과 연한 핑크색의 립 메이크업이 특징이다.

> ✔젊은이들의 패션이 유행이던 1960년에는 아이홀을 강조한 귀여운 화장법의 트위기가 전 세계적인 인기를 끌었다.

7 1970년대

1) 불경기, 오일 쇼크, 인플레 현상 등 세계적으로 경제 불황을 겪은 젊은 이들이 기성세대에 반발하였던 시기로, 반항적이고 퇴폐적인 이미지의 펑크 패션이 선보여졌으며 빨강, 주황, 검정색을 사용한 강렬한 펑크 메이크업이 유행하였다.

펑크 스타일
(Funk style)

파라 포셋
(Farrah Fawcett)

2) 이에 반해 자연스러운 색조를 사용 한 여배우 '파라 포셋'의 스타일도 유행하였다.

> ✔1970년대 격동기에는 반항적인 펑크 스타일이 인기를 끌었다. 메이크업에서도 강렬한 비비드 컬러와 블랙 컬러가 사용되었다.

8 1980년대

1) 전 세계적인 경제 성장이 이루어진 시기로, 화려하면서도 강한 스타일의 여성의 이미지가 유행하였다.

2) 여배우 '브룩 쉴즈'가 대표적인 미인으로 여겨졌으며, 두껍고 강한 눈썹, 선명한 붉은색 입술이 유행하였다.

브룩 실즈
(Brooke Shields)

영국 다이애나 왕세자비
(Diana Spencer)

3) 1980년대 말에는 영화 '라 붐'에 등장 한 '소피 마르소'와 영국의 '다이애나' 왕세자비의 여성스러움이 강조된 내추럴 메이크업이 유행하기 시작하였다.

✔ 전 세계적 경제성장이 이루어진 1980년대에는 강한 눈썹과 비비드톤, 라이트톤 컬러의 강렬한 이미지의 의상, 메이크업이 유행하였다. 또한, 내추럴 메이크업이 함께 공존하였다.

9 1990년대

1) 에콜로지의 영향으로 색조보다는 깨끗한 피부에 관심을 쏟게 되면서 내추럴 메이크업이 유행하였다.

줄리아 로버츠
(Julia Roberts)

힙합 이미지
(Hip hop image)

2) 대표적인 배우로는 할리우드 배우인 '줄리아 로버츠'와 '제니퍼 애니스톤', '기네스 펠트로' 등이 있다.

3) 패션에서는 에콜로지 패션과 더불어 과거의 문화를 재해석한 레트로 패션과 힙합이 유행하기도 하였다.

✔ 1990년대에는 색조보다 깨끗한 피부톤, 에콜로지에 대한 관심이 점차 높아져 내추럴 메이크업이 큰 인기를 끌게 된다.

10 2000년대

1) 인터넷을 통해 정보가 빠르게 전달되면서 내추럴 메이크업, 스모키 메이크업, 레트로 메이크업, 질감 메이크업 등 여러 가지 트렌드가 공존하게 되었고, 트렌드 역시 빠르게 변화하였다.

2) 펄 제품이 대중화되고, 다양한 화장품이 개발되면서 메이크업 표현 역시 다양화되었다.

✔ 2000년대 이후 메이크업은 인터넷과 각종 정보 채널을 통해 빠르고 다양한 유행이 공존하는 것이 특징이다.

내추럴 메이크업

스모키 메이크업

PART

02 | 시대 메이크업의 세부과제

1 시험안내 : 시험시간 40분

시술목표	• 화장품과 화장 도구의 종류와 사용법을 이해하고, 적절히 사용할 수 있다. • 시대별 특징에 따른 베이스 메이크업을 시술할 수 있다. • 시대별 스타일과 조화로운 포인트 메이크업을 시술할 수 있다. • 숙련된 메이크업 테크닉으로 시대별 특징을 표현하는 메이크업을 완성할 수 있다.
시술과정	• 메이크업 시술 준비 및 소독 • 기초화장(스킨, 로션 등) • 베이스 메이크업(메이크업 베이스, 파운데이션, 컨실러, 파우더 등) • 포인트 메이크업(아이 메이크업, 치크 메이크업, 립 메이크업 등) • 마무리(메이크업 수정 및 정리)

2 제2과제 종류 및 배점적용

그레타 가르보

마릴린 먼로

트위기

펑크

과제유형	제2과제(40분)	
	시대 메이크업	
작업대상	모델	
세부과제	현대1-1930 (그레타 가르보)	아이홀의 표현과 섀딩과 하이라이트, 아치형의 눈썹, 인커브의 립 표현 등을 통해 그레타 가르보의 개성이 돋보일 수 있도록 한다.
	현대2-1950 (마릴린 먼로)	각진 눈썹과 길게 뺀 아이라인, 아웃커브의 레드 립, 점 등의 표현을 통해 마릴린 먼로의 특징이 나타날 수 있도록 한다.
	현대3-1960 (트위기)	인위적으로 강조된 쌍꺼풀 라인과 과장된 속눈썹 표현 등을 통해 트위기의 특징이 돋보일 수 있도록 한다.
	현대4- 1970~1980 (펑크)	창백한 피부표현과 결이 강조된 눈썹, 강한 아이홀, 사선 느낌의 립 등의 표현으로 펑크의 특징을 표현한다.
배점	30점 / 총 100점	

3 과제 준비물(제2과제 공통)

과제유형		제2과제(40분)
		시대 메이크업
준비물	소독 및 위생	위생 가운, 어깨보, 헤어밴드, 타월, 소독제, 탈지면 용기, 탈지면, 위생봉투 등
	베이스 메이크업	메이크업 베이스, 파운데이션, 페이스 파우더 등
	포인트 메이크업	아이섀도 파레트, 립 파레트, 아이라이너, 마스카라, 아이브로우 펜슬, 인조속눈썹, 속눈썹 접착제 등
	기타 도구	메이크업 팔레트(플레이트 판), 더마왁스, 실러, 스프리트 검, 눈썹칼, 눈썹 가위, 브러시 세트, 스펀지 퍼프, 분첩, 뷰러, 타월, 미용 티슈, 물티슈, 면봉, 족집게, 클렌징 제품 및 도구 등

세부과제 1 그레타 가르보(1930)

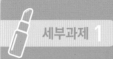

※ 시험시간 40분, 배점 30점

메이크업 전

완성 메이크업

 1 중요 포인트

분류	특징
베이스 메이크업	• 모델의 피부톤에 적합한 메이크업 베이스를 선택하여 얇고 고르게 펴 바른다. • 모델의 피부톤에 맞춰 결점을 커버하여 깨끗하게 피부를 표현한다. • 섀딩과 하이라이트로 윤곽 수정 후 파우더로 매트하게 마무리한다.
아이 메이크업	• 눈썹은 도면과 같이 완벽하게 커버하고 아치형으로 그린다. • 아이섀도의 표현은 도면과 같이 모델의 눈두덩에 펄이 없는 갈색 계열의 색을 이용하여 아이홀을 그리고 그라데이션 한다. • 아이라인은 속눈썹 사이를 메꾸어 그리고 도면과 같이 눈매를 교정한다. • 뷰러를 이용하여 자연 속눈썹을 컬링한다. • 인조속눈썹은 모델 눈에 맞춰 붙이고, 깊고 그윽한 눈매를 연출한다.
치크 메이크업	• 치크는 브라운색으로 광대뼈 아래쪽을 강하게 표현하고, 얼굴 전체를 핑크톤으로 가볍게 쓸어 표현한다.
립 메이크업	• 적당한 유분기를 가진 레드 브라운 립 컬러를 이용하여 인커브 형태로 바른다.

2과제

그레타 가르보–인물 메이크업

2 요구 사항

※ 지참 재료 및 도구를 사용하여 아래의 요구사항에 따라 시대 메이크업(그레타 가르보)을 시험시간 내에 완성하시오.

가. 과제를 수행하기 전 수험자의 손 및 도구류를 소독한 후 제시된 도면을 참고하여 시대 메이크업(그레타 가르보) 스타일을 연출하시오.

나. 모델의 피부톤에 적합한 메이크업 베이스를 선택하여 얇고 고르게 펴 바르시오.

다. 눈썹은 파운데이션(또는 눈썹 왁스 및 실러) 등을 사용하여 도면과 같이 완벽하게 커버하시오.

라. 모델의 피부톤에 맞춰 결점을 커버하여 깨끗하게 피부표현 하시오.

마. 섀딩과 하이라이트로 윤곽 수정 후 파우더로 매트하게 마무리하시오.

바. 눈썹은 아치형으로 그려 그레타 가르보의 개성이 돋보이게 표현하시오.

사. 아이섀도의 표현은 도면과 같이 모델의 눈두덩에 펄이 없는 갈색 계열의 색을 이용하여 아이홀을 그리고 그라데이션 하시오.

아. 아이라인은 속눈썹 사이를 메꾸어 그리고, 도면과 같이 눈매를 교정하시오.

자. 뷰러를 이용하여 자연 속눈썹을 컬링하시오.

차. 인조속눈썹은 모델 눈에 맞춰 붙이고, 깊고 그윽한 눈매를 연출하시오.

카. 치크는 브라운색으로 광대뼈 아래쪽을 강하게 표현하고 얼굴 전체를 핑크톤으로 가볍게 쓸어 표현하시오.

타. 적당한 유분기를 가진 레드 브라운 립 컬러를 이용하여 인커브 형태로 바르시오.

3 수험자 유의사항

① 모델은 문신(눈썹, 아이라인, 입술 등), 속눈썹 연장 및 메이크업이 되어 있지 않은 상태이어야 합니다.

② 스파출라, 속눈썹 가위, 족집게, 눈썹칼 등의 도구류를 사용 전 소독제로 소독해야 합니다.

③ 메이크업 베이스, 파운데이션을 펴 바를 때 스펀지 퍼프 또는 브러시를 사용해야 합니다.

④ 아이섀도, 치크, 립 등의 표현 시 브러시 등의 적합한 도구를 사용해야 합니다.

⑤ 화장품은 요구사항에 지정된 제형 외에는 타입에 상관없이 자유롭게 사용할 수 있습니다.

자격종목	미용사 (메이크업)	과제명	시대 메이크업 (그레타 가르보)	척도	NS

2과제

시대 메이크업—그레타가르보

5 시술 과정

❶ 과제를 수행하기 전 수험자의 손 및 도구를 소독한다.

❷ 현대1-1930(그레타 가르보) 메이크업 스타일의 도면을 참고한다.

❸ 모델의 피부톤에 적합한 메이크업 베이스를 선택하여 얇고 고르게 펴 바른다.

❹ 모델의 피부톤에 맞춰 파운데이션을 고르게 펴 바른다.

Tip 파운데이션 브러시 또는 스펀지 퍼프를 사용함

❺ 결점을 커버하여 깨끗하게 피부를 표현한다.

Tip 파운데이션 바른 후 컨실러를 이용하여 결점을 커버함

❻ 한 톤 밝은 파운데이션을 이용하여 하이라이트를 표현한다.

Tip 한 톤 밝은 컨실러를 이용하여 하이라이트를 표현해도 좋음

❼ 한 톤 어두운 파운데이션을 이용하여 노즈라인에 가볍게 음영을 준다.

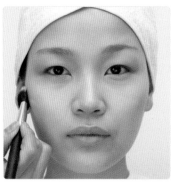

❽ 한 톤 어두운 파운데이션을 이용하여 치크 부분 등을 셰이딩한다.

❾ 파우더로 매트하게 마무리한다.

Tip 브러시 또는 분첩 사용

⑩ 모델의 눈썹 모양이 아치형에 적합하지 않은 경우 필요에 따라 스트리트검, 실러, 왁스 등을 이용하여 눈썹을 커버한다.

⑪ ⑩ 과정 후, 눈썹에 컨실러를 이용하여 완벽하게 커버한다.

⑫ 아이브로우 펜슬을 이용하여 그레타 가르보의 개성이 돋보일 수 있도록 아치형의 눈썹으로 표현한다.

⑬ 아이섀도를 이용하여 노즈라인에 가볍게 음영을 넣어준다.

⑭ Tip 펄이 없는 화이트 또는 베이스 컬러의 섀도를 경계가 지지 않도록 눈두덩에 바르면 깨끗하고 선명한 아이홀을 표현할 수 있음

⑮ 펄이 없는 갈색 계열의 색을 이용하여 아이홀을 그리고 그라데이션 한다.

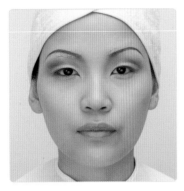

⑯ 아이섀도 완성

⑰ 아이라인은 아이라이너를 이용하여 속눈썹 사이를 메꾸어 눈매를 교정한다.

⑱ 뷰러를 이용하여 자연 속눈썹을 컬링한다.

⑲ 모델의 눈 길이에 맞게 인조속눈썹의 길이를 측정한다.

⑳ 인조속눈썹의 길이를 조절한다.

㉑ 트위저를 이용하여 인조속눈썹을 붙여 깊고 그윽한 눈매를 연출한다.

㉒ Tip 언더에 펄이 없는 브라운 계열의 섀도를 이용하여 가볍게 깊이감을 줌

㉓ 치크는 브라운색으로 광대뼈 아래쪽 부분에 강하게 표현한다.

㉔ 얼굴 전체를 핑크톤으로 가볍게 쓸어
표현한다.

㉕ 립 메이크업을 하기 전 컨실러를 이용
하여 입술 주변을 깨끗하게 정리한다.

Tip 파운데이션 브러시 또는 메이크업 스펀
지의 잔여 파운데이션을 이용하여 정리하여도
좋음

㉖ 적당한 유분기를 가진 레드 브라운
립 컬러를 이용하여 인커브 형태로
바른다.

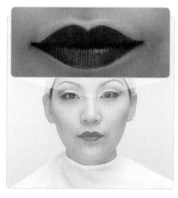

Tip 구각 부분의 립라인이 인커브가 될 수 있
도록 함

㉗ 컨실러 펜슬 또는 브러시를 이용하여
입술 주변을 깨끗하게 정리한다.

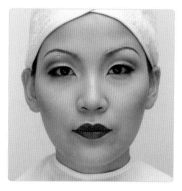

㉘ 립 메이크업 완성

㉙ 완성 메이크업

세부과제 2 · 마릴린 먼로(1950)

※ 시험시간 40분, 배점 30점

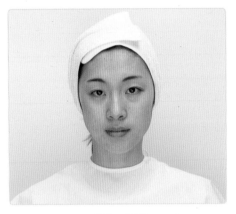

메이크업 전

완성 메이크업

 **1 중요 포인트**

분류	특징
베이스 메이크업	• 모델의 피부톤에 적합한 메이크업 베이스를 선택하여 얇고 고르게 펴 바른다. • 모델의 피부톤보다 밝은 핑크톤의 파운데이션으로 표현한다. • 섀딩과 하이라이트로 윤곽 수정 후 파우더로 매트하게 마무리한다.
아이 메이크업	• 눈썹은 브라운색의 양 미간이 좁지 않은 각진 눈썹으로 표현한다. • 아이섀도는 모델의 눈두덩을 중심으로 핑크와 베이지 계열의 색을 이용하여 아이홀을 표현하고 그러데이션 한다. • 아이홀 안쪽 눈꺼풀에 화이트 색상으로 입체감을 주고 언더에는 베이지 계열의 섀도를 바른다. • 아이라인은 속눈썹 사이를 메꾸어 그리고 도면과 같이 아이라인을 길게 뺀 형태의 눈매를 표현한다. • 뷰러를 이용하여 자연 속눈썹을 컬링한다. • 인조속눈썹은 모델의 눈보다 길게 뒤로 빼서 붙여주고 깊고 그윽한 눈매를 표현한다.
치크 메이크업	• 치크는 핑크톤으로 광대뼈보다 아래쪽에서 구각을 향해 사선으로 바른다.
립 메이크업	• 적당한 유분기를 가진 레드 립 컬러를 아웃커브 형태로 바른다. • 도면과 같이 마릴린 먼로의 개성이 돋보이는 점을 그린다.

2 요구 사항

※ 지참 재료 및 도구를 사용하여 아래의 요구사항에 따라 시대 메이크업(마릴린 먼로)을 시험시간 내에 완성하시오.

가. 과제를 수행하기 전 수험자의 손 및 도구류를 소독한 후 제시된 도면을 참고하여 시대 메이크업(마릴린 먼로) 스타일을 연출하시오.

나. 모델의 피부톤에 적합한 메이크업 베이스를 선택하여 얇고 고르게 펴 바르시오.

다. 모델의 피부톤보다 밝은 핑크톤의 파운데이션으로 표현하시오.

라. 섀딩과 하이라이트로 윤곽 수정 후 파우더로 매트하게 마무리하시오.

마. 눈썹은 브라운색의 양 미간이 좁지 않은 각진 눈썹으로 표현하시오.

바. 아이섀도는 모델의 눈두덩을 중심으로 핑크와 베이지 계열의 색을 이용하여 아이홀을 표현하고 그라데이션 하시오.

사. 아이홀 안쪽 눈꺼풀에 화이트 색상으로 입체감을 주고 언더에는 베이지 계열의 섀도를 바르시오.

아. 아이라인은 속눈썹 사이를 메꾸어 그리고 도면과 같이 아이라인을 길게 뺀 형태의 눈매를 표현하시오.

자. 뷰러를 이용하여 자연 속눈썹을 컬링하시오.

차. 인조속눈썹은 모델의 눈보다 길게 뒤로 빼서 붙여주고, 깊고 그윽한 눈매를 표현하시오.

카. 치크는 핑크톤으로 광대뼈보다 아래쪽에서 구각을 향해 사선으로 바르시오.

타. 적당한 유분기를 가진 레드 립 컬러를 아웃커브 형태로 바르시오.

파. 도면과 같이 마릴린 먼로의 개성이 돋보이는 점을 그리시오.

3 수험자 유의사항

❶ 모델은 문신(눈썹, 아이라인, 입술 등), 속눈썹 연장 및 메이크업이 되어 있지 않은 상태이어야 합니다.

❷ 스파출라, 속눈썹 가위, 족집게, 눈썹칼 등의 도구류를 사용 전 소독제로 소독해야 합니다.

❸ 메이크업 베이스, 파운데이션을 펴 바를 때 스펀지 퍼프 또는 브러시를 사용해야 합니다.

❹ 아이섀도, 치크, 립 등의 표현 시 브러시 등의 적합한 도구를 사용해야 합니다.

❺ 화장품은 요구사항에 지정된 제형 외에는 타입에 상관없이 자유롭게 사용할 수 있습니다.

4 과제 도면

자격종목	미용사 (메이크업)	과제명	시대 메이크업 (마릴린 먼로)	척도	NS

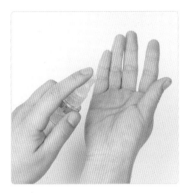

❶ 과제를 수행하기 전 수험자의 손 및 도구를 소독한다.

❷ 현대2-1950(마릴린 먼로) 메이크업 스타일의 도면을 참고한다.

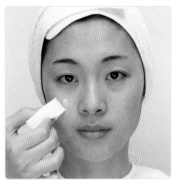

❸ 모델의 피부톤에 적합한 메이크업 베이스를 선택하여 얇고 고르게 펴 바른다.

❹ 모델의 피부톤보다 밝은 핑크톤의 파운데이션을 바른다.

Tip 파운데이션 브러시 또는 스펀지 퍼프를 사용함

❺ 컨실러를 이용하여 잡티를 커버하고 다크서클, 입 주변 등의 톤을 자연스럽게 보정한다.

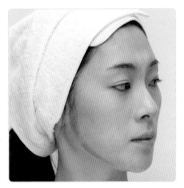

❻ 섀딩과 하이라이트로 윤곽 수정을 한다.

Tip 한 톤 어둡거나 밝은 파운데이션 또는 컨실러를 스펀지 퍼프나 브러시를 이용하여 자연스러운 윤곽 수정을 하면 파우더 처리 후에도 입체감 있는 베이스 연출이 가능함

7 파우더로 매트하게 마무리한다.

Tip 브러시 또는 분첩 사용

8 브라운색을 이용하여 양 미간이 좁지 않은 각진 눈썹으로 표현한다.

Tip 브라운 섀도를 이용하여 각진 눈썹의 모양을 잡아준 후 아이브로우 펜슬을 이용하여 윤곽을 또렷하게 잡아줌

9 컨실러나 파운데이션을 이용하여 눈썹의 주변을 깨끗하게 정리한다.

Tip 각진 눈썹을 더 선명하게 표현하는 데 효과적임

10 아이섀도는 모델의 눈두덩을 중심으로 핑크와 베이지 계열의 색을 이용하여 아이홀을 표현하고 그라데이션 한다.

11 아이홀 안쪽 눈꺼풀 부분에는 화이트 색상으로 입체감을 준다.

12 언더에는 베이지 계열의 섀도를 바른다.

13 **Tip** 핑크와 베이지색을 이용하여 아이홀을 한 번 더 잡아주면 깨끗한 아이홀 표현이 가능함

⑭ 아이라인은 속눈썹 사이를 메꾸어 그리고 도면과 같이 아이라인을 길게 뺀 형태의 눈매를 표현한다.

⑮ 뷰러를 이용하여 자연 속눈썹을 컬링한다.

⑯ 인조속눈썹은 모델의 눈보다 뒤로 빼서 붙여주어 깊고 그윽한 눈매를 표현한다.

⑰ 마스카라를 이용하여 자연 속눈썹과 인조속눈썹이 분리되지 않도록 컬링한다.

⑱ 아이 메이크업 완성

⑲ 치크는 핑크톤으로 광대뼈보다 아래에서 구각을 향해 사선으로 그라데이션 한다.

20 적당한 유분기를 가진 레드 립 컬러를 아웃커브 형태로 바른다.

21 컨실러 또는 파운데이션을 이용하여 입술 주변을 깨끗이 정리한다.

22 마릴린 먼로의 개성이 돋보이는 점을 표현한다.
Tip 점 표현은 리퀴드 아이라이너 또는 젤 아이라이너를 이용함

23 완성 메이크업

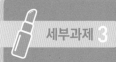
세부과제 3 트위기(1960)

※ 시험시간 40분, 배점 30점

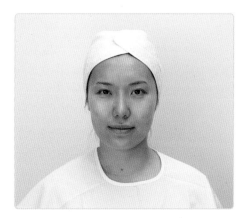

메이크업 전

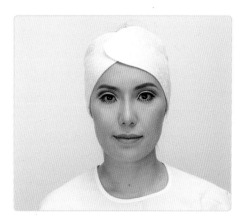

완성 메이크업

 1 중요 포인트

분류	특징
베이스 메이크업	• 모델의 피부톤에 적합한 메이크업 베이스를 선택하여 얇고 고르게 펴 바른다. • 베이스 메이크업은 모델 피부색과 비슷한 리퀴드 파운데이션 또는 크림 파운데이션을 사용한다. • 파운데이션은 두껍지 않게 골고루 펴 바르며 파우더를 사용하여 마무리한다.
아이 메이크업	• 눈썹의 표현은 자연스러운 브라운 컬러로 눈썹 산을 강조하여 그린다. • 아이섀도는 화이트 베이스 컬러와 핑크, 네이비, 그레이, 어두운 청색 등을 사용하여 인위적인 쌍꺼풀 라인을 표현한다. • 쌍꺼풀 라인과 아이라인의 선이 선명하도록 강조하여 그라데이션 하고 화이트로 쌍꺼풀 안쪽 및 눈썹 아래 부위를 하이라이트 한다. • 아이라인은 선명하게 그리고 도면과 같이 눈매를 교정한다. • 뷰러를 이용하여 자연 속눈썹을 컬링한 후 마스카라를 바르고 인조속눈썹을 붙여 눈매를 강조한다. • 도면과 같이 과장된 속눈썹 표현을 위해 언더 속눈썹에 마스카라를 한 후 아이라이너를 사용하여 그리거나 인조속눈썹을 붙여 표현한다.
치크 메이크업	• 치크는 핑크 및 라이트 브라운색으로 애플존 위치에 둥근 느낌으로 바른다.
립 메이크업	• 베이지 핑크색의 립 컬러를 자연스럽게 발라 마무리한다.

2 요구 사항

※ 지참 재료 및 도구를 사용하여 아래의 요구사항에 따라 시대 메이크업(트위기)을 시험시간 내에 완성하시오.

가. 과제를 수행하기 전 수험자의 손 및 도구류를 소독한 후 제시된 도면을 참고하여 시대 메이크업(트위기) 스타일을 연출하시오.

나. 모델의 피부톤에 적합한 메이크업 베이스를 선택하여 얇고 고르게 펴 바르시오.

다. 베이스 메이크업은 모델 피부색과 비슷한 리퀴드 파운데이션 또는 크림 파운데이션을 사용하시오.

라. 파운데이션은 두껍지 않게 골고루 펴 바르며 파우더를 사용하여 마무리하시오.

마. 눈썹의 표현은 도면과 같이 자연스러운 브라운 컬러로 눈썹 산을 강조하여 그리시오.

바. 아이섀도는 화이트 베이스 컬러와 핑크, 네이비, 그레이, 어두운 청색 등을 사용하여 인위적인 쌍꺼풀 라인을 표현하시오.

사. 쌍꺼풀 라인과 아이라인의 선이 선명하도록 강조하여 그라데이션 하고 화이트로 쌍꺼풀 안쪽 및 눈썹 아래 부위를 하이라이트 하시오.

아. 아이라인은 선명하게 그리고 도면과 같이 눈매를 교정하시오.

자. 뷰러를 이용하여 자연 속눈썹을 컬링한 후 마스카라를 바르고 인조속눈썹을 붙여 눈매를 강조하시오.

차. 도면과 같이 과장된 속눈썹 표현을 위해 언더 속눈썹에 마스카라를 한 후 아이라이너를 사용하여 그리거나 인조속눈썹을 붙여 표현하시오.

카. 치크는 핑크 및 라이트 브라운색으로 애플존 위치에 둥근 느낌으로 바르시오.

타. 베이지 핑크색의 립 컬러를 자연스럽게 발라 마무리하시오.

3 수험자 유의사항

① 모델은 문신(눈썹, 아이라인, 입술 등), 속눈썹 연장 및 메이크업이 되어 있지 않은 상태이어야 합니다.
② 스파출라, 속눈썹 가위, 족집게, 눈썹칼 등의 도구류를 사용 전 소독제로 소독해야 합니다.
③ 메이크업 베이스, 파운데이션을 펴 바를 때 스펀지 퍼프 또는 브러시를 사용해야 합니다.
④ 아이섀도, 치크, 립 등의 표현 시 브러시 등의 적합한 도구를 사용해야 합니다.
⑤ 화장품은 요구사항에 지정된 제형 외에는 타입에 상관없이 자유롭게 사용할 수 있습니다.

자격종목	미용사 (메이크업)	과제명	시대 메이크업 (트위기)	척도	NS

5 시술 과정

❶ 과제를 수행하기 전 수험자의 손 및
도구를 소독한다.

❷ 현대3-1960(트위기) 메이크업 스타
일의 도면을 참고한다.

❸ 모델의 피부톤에 적합한 메이크업 베이
스를 선택하여 얇고 고르게 펴 바른다.

❹ 베이스 메이크업은 모델 피부색과 비
슷한 리퀴드 파운데이션 또는 크림 파
운데이션을 사용하여 두껍지 않게 골
고루 펴 바른다.

Tip 파운데이션 브러시 또는 스펀지 퍼프를
사용함

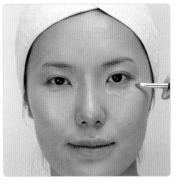

Tip 파운데이션을 바른 후 컨실러를 이용하여 다크서클 등 톤을 가볍게 보정해 줌

❺ 파우더로 마무리한다.

Tip 브러시 또는 분첩 사용

❻ 눈썹의 표현은 도면과 같이 자연스러운 브라운 컬러로 눈썹 산을 강조하여 그린다.

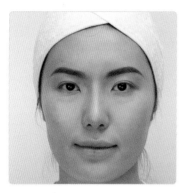

❼ 눈썹 완성

❽ 화이트 아이섀도를 눈두덩에 바른다.

❾ 핑크색 아이섀도를 사용하여 인위적인 쌍꺼풀 라인의 윤곽을 잡아준다.

❿ 네이비, 그레이 색상의 아이섀도를 사용하여 핑크색 쌍꺼풀 라인을 더욱 선명하게 표현하다.

⓫ 어두운 청색의 아이섀도를 사용하여 홀 바깥 방향으로 그라데이션 한다.

⓬ 쌍꺼풀 라인을 선명하게 강조한다.

⓭ 쌍꺼풀 라인과 아이라인의 선이 선명하도록 강조하여 그라데이션 한다.

⓮ 화이트 아이섀도를 사용하여 쌍꺼풀 안쪽에 하이라이트 한다.

⑮ 눈썹 아래 부위를 하이라이트 한다.

⑯ 아이라인은 선명하게 그린다.

Tip 면봉을 이용하여 눈꺼풀을 살짝 들어 올린 후 아이라인을 표현하면 속눈썹 사이사이를 꼼꼼하게 채울 수 있음

⑰ 뷰러를 이용하여 자연 속눈썹을 컬링한다.

⑱ 마스카라를 바른다.

⑲ 눈매를 강조하기 위해 인조속눈썹의 길이를 조절한 후 트위저를 이용하여 붙인다.

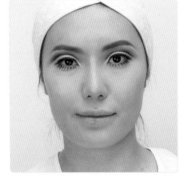

⑳ 과장된 속눈썹 표현을 위해 언더 속눈썹에 마스카라를 한 후 아이라이너를 이용하여 언더 속눈썹을 그린다.

Tip 언더 속눈썹 표현 시 붓펜타입 또는 리퀴드 라이너 등을 이용하면 용이함

㉑ 또는 인조속눈썹을 언더에 붙인다.

㉒ 치크는 핑크 및 라이트 브라운색으로 애플존 위치에 둥근 느낌으로 바른다.

㉓ 베이지 핑크색의 립 컬러를 발라 자연스러운 입술을 연출한다.

㉔ 완성 메이크업

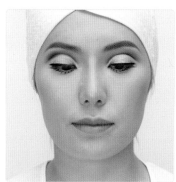

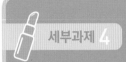
세부과제 **4** **펑크(1970~1980)**

※ 시험시간 40분, 배점 30점

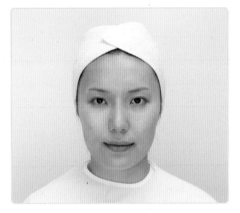

메이크업 전

완성 메이크업

1 중요 포인트

분류	특징
베이스 메이크업	• 모델의 피부톤에 적합한 메이크업 베이스를 선택하여 얇고 고르게 펴 바른다. • 베이스 메이크업은 크림 파운데이션을 사용하여 창백하게 피부표현 한다. • 피부의 결점 등을 커버하기 위하여 컨실러 등을 사용할 수 있으며 파우더를 이용하여 매트하게 표현한다.
아이 메이크업	• 눈썹은 도면과 같이 눈썹의 결을 강조하여 짙고 강하게 표현한다. • 아이섀도의 표현은 화이트, 베이지, 그레이, 블랙 등의 색을 이용하여 아이홀을 강하게 표현한다. • 아이홀은 꼬리에서 앞머리 쪽으로 그리고 아이홀의 눈꼬리 1/3 부분을 검정색 아이섀도나 아이라이너를 이용하여 채우고 도면과 같이 그라데이션 한다. • 아이라인은 검정색을 이용하여 아이홀 라인의 바깥쪽으로 과장되게 그려 도면과 같이 표현한다. • 언더라인은 위쪽 라인까지 연결하여 강하게 표현한다. • 속눈썹은 뷰러를 이용하여 자연 속눈썹을 컬링한 후 마스카라를 바르고, 모델의 눈에 맞게 인조속눈썹을 붙인다.

치크 메이크업	• 치크는 <u>레드 브라운색</u>으로 얼굴 앞쪽을 향하여 사선으로 선을 그리듯 강하게 바른다.
립 메이크업	• 립은 <u>검붉은색</u>을 이용하여 펴 바르고 입술라인을 선명하게 표현한다.

2 요구 사항

※ 지참 재료 및 도구를 사용하여 아래의 요구사항에 따라 시대 메이크업(펑크)을 시험시간 내에 완성하시오.

가. 과제를 수행하기 전 수험자의 손 및 도구류를 소독한 후 제시된 도면을 참고하여 시대 메이크업(펑크) 스타일을 연출하시오.

나. 모델의 피부톤에 적합한 메이크업 베이스를 선택하여 얇고 고르게 펴 바르시오.

다. 베이스 메이크업은 크림 파운데이션을 사용하여 창백하게 피부표현 하시오.

라. 피부의 결점 등을 커버하기 위하여 컨실러 등을 사용할 수 있으며 파우더를 이용하여 매트하게 표현하시오.

마. 눈썹을 도면과 같이 눈썹의 결을 강조하여 짙고 강하게 그리시오.

바. 아이섀도의 표현은 화이트, 베이지, 그레이, 블랙 등의 색을 이용하여 아이홀을 강하게 표현하시오.

사. 아이홀은 꼬리에서 앞머리 쪽으로 그리고 아이홀의 눈꼬리 1/3 부분을 검정색 아이섀도나 아이라이너를 이용하여 채우고 도면과 같이 그라데이션 하시오.

아. 아이라인은 검정색을 이용하여 3개의 라인을 아이홀 라인의 바깥쪽으로 과장되게 그려 도면과 같이 표현하시오.

자. 언더라인은 위쪽 라인까지 연결하여 강하게 표현하시오.

차. 속눈썹은 뷰러를 이용하여 자연 속눈썹을 컬링한 후 마스카라를 바르고, 모델의 눈에 맞게 인조속눈썹을 붙이시오.

카. 치크는 레드 브라운색으로 얼굴 앞쪽을 향하여 사선으로 선을 그리듯 강하게 바르시오.

타. 립은 검붉은 색을 이용하여 펴 바르고 입술라인을 선명하게 표현하시오.

3 수험자 유의사항

❶ 모델은 문신(눈썹, 아이라인, 입술 등), 속눈썹 연장 및 메이크업이 되어 있지 않은 상태이어야 합니다.

❷ 스파출라, 속눈썹 가위, 족집게, 눈썹칼 등의 도구류를 사용 전 소독제로 소독해야 합니다.

❸ 메이크업 베이스, 파운데이션을 펴 바를 때 스펀지 퍼프 또는 브러시를 사용해야 합니다.

❹ 아이섀도, 치크, 립 등의 표현 시 브러시 등의 적합한 도구를 사용해야 합니다.

❺ 화장품은 요구사항에 지정된 제형 외에는 타입에 상관없이 자유롭게 사용할 수 있습니다.

4 과제 도면

자격종목	미용사 (메이크업)	과제명	시대 메이크업 (펑크)	척도	NS

❶ 과제를 수행하기 전 수험자의 손 및 도구를 소독한다.

❷ 현대4-1970~80(펑크) 메이크업 스타일의 도면을 참고한다.

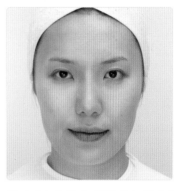

❸ 모델의 피부톤에 적합한 메이크업 베이스를 선택하여 얇고 고르게 펴 바른다.

❹ 베이스 메이크업은 크림 파운데이션을 사용하여 창백하게 피부표현 한다.

❺ 파우더를 이용하여 매트하게 마무리한다.

❻ 아이브로우 펜슬을 이용하여 눈썹의 모양을 잡는다.

❼ **Tip** 블랙 아이섀도를 이용하여 눈썹을 진하게 표현함

❽ 펜슬을 이용하여 눈썹의 윤곽을 또렷하게 그려주고 눈썹의 결을 강조한다.

❾ 눈썹 완성

⑩ 화이트 아이섀도를 눈두덩에 펴 바른다.

⑪ 그레이 색상으로 꼬리에서 앞머리 쪽으로 아이홀의 윤곽을 잡아준 후 블랙 색상을 이용하여 아이홀을 강하게 표현한다.

⑫ 아이홀 모양 완성

⑬ 아이홀의 눈꼬리 1/3 부분을 블랙 아이섀도나 아이라이너를 이용하여 채우고 그라데이션 한다.

⑭ 아이홀 안쪽 그라데이션 완성

⑮ 블랙 색상을 이용하여 아이라인을 그려준다.

⑯ 블랙을 이용하여 3개의 라인을 아이홀 라인의 바깥쪽으로 그려 과장되게 표현한다.

Tip 아이라인 표현 시 리퀴드 아이라이너를 사용하면 좀 더 용이함
아이라인을 제외하고 아이홀 라인 방향으로 3개의 라인을 표현함

⑰ 언더라인은 위쪽 라인까지 연결하여 강하게 표현한다.

Tip 언더라인 표현 시 펜슬을 이용하여 그려준 후 블랙 아이섀도를 이용하여 그라데이션 하면 선명하고 깊이감 있는 언더라인이 연출됨

⑱ 뷰러를 이용하여 자연 속눈썹을 컬링 한 후 마스카라를 바른다.

Tip 마스카라를 바를 때 시선을 아래로 향하게 한 후 눈꺼풀을 들어 올려주면 더욱 꼼꼼하게 마스카라를 바를 수 있음

⑲ 모델의 눈에 맞추어 인조속눈썹의 길이를 조절한 후 트위저를 이용하여 붙인다.

⑳ 치크는 레드 브라운색으로 얼굴 앞쪽을 향하여 사선으로 선을 그리듯 강하게 그라데이션 한다.

Tip 사선형 치크 브러시를 이용하면 선 느낌의 강한 치크를 연출하기 용이함

㉑ 붉은색의 립 컬러를 펴바른다.

㉒ 검정색의 펜슬을 이용하여 립라인을 선명하게 표현한다.

Tip 블랙 펜슬을 이용하여 입술 산을 각지게 표현하면서 붉은색의 립 컬러와 자연스럽게 그라데이션하면 검붉은색의 선명한 립라인 표현이 가능함

㉓ 완성 메이크업

memo

3 과제

캐릭터 메이크업

PART 01 | 캐릭터 메이크업의 이해

Section 1 　캐릭터 메이크업의 개념

캐릭터 메이크업(Character make-up)이란 미디어, 공연 등 작품 속 등장인물의 성격을 표현하기 위한 메이크업이다. 매체, 작품 종류, 작품 의도 등에 따라 자연스러운 메이크업부터 분장, 아트 메이크업에 이르기까지 등장인물의 배역과 성격, 나이, 직업, 환경에 따라 메이크업이 다양할수 있다.

Section 2 　테마별 기본 이론

1 이미지(레오파드)

동물 캐릭터 메이크업은 동물의 패턴을 이용하는 캐릭터 메이크업의 종류로 동물 캐릭터가 등장하는 미디어 매체, 공연, 쇼 등에서 이용된다. 레오파드(Leopard)란 검은 반점이 특징인 표범의 영어 표현이다. 레오파드 무늬는 의상 및 메이크업에 영감을 주어 다양한 패턴으로 사용되고 있다. 레오파드를 이용한 캐릭터 메이크업은 레오파드의 무늬뿐 아니라 눈매, 얼굴형 등을 참고하여 캐릭터 이미지를 표현한다.

베이스 메이크업		• 동물의 피부색인 연한 브라운이나 옐로우, 오렌지, 브라운색을 사용하여 베이스 메이크업을 완성한다. • 전체 얼굴에 베이스 색을 넣기도 하고, 피부톤보다 밝은 톤의 베이스를 칠한 후 외곽에 색감을 표현해 주기도 한다.
색조 메이크업	아이브로우	• 동물은 눈썹이 없으므로 눈썹은 표현하지 않는 것이 일반적이다. • 눈썹은 베이스 메이크업 시 파운데이션이나 컨실러를 사용하여 가려준다. 눈썹이 진한 모델의 경우 베이스 메이크업 전 더마왁스를 사용하여 눈썹을 먼저 지워주는 것도 좋다.
	아이	• 육식동물의 날카로운 눈매를 표현하기 위해 상승형으로 아이 메이크업을 한다. 동물의 눈을 특징적으로 표현하기 위해 아이홀 부분을 표현하고, 눈꺼풀 위와 눈 밑 언더라인에 트임을 표현해준다. • 선명한 아이라인, 진한 인조속눈썹으로 날카로운 눈매를 표현한다.
	치크	• 사람과 같이 치크를 따로 하지는 않지만 베이스 메이크업 시 옐로우, 오렌지, 브라운의 색을 사용하여 치크 부분을 포함한 얼굴의 외곽 또는 얼굴 전체를 칠해준다.
	립	• 버건디 레드의 립 컬러를 사용하고, 구각을 강조하여 날카로운 레오파드의 이미지를 완성한다.
대표 색채		• 색상 : 옐로우, 오렌지, 연한 브라운, 브라운 등 • 색조 : 비비드톤, 덜톤, 딥톤, 다크톤 등

2 무용(한국)

한국무용은 한국 전통문화를 바탕으로 하며 크게 궁중무용, 민속무용, 의식무용, 창작무용 등으로 분류된다. 한복을 입게 되므로 메이크업 시 우리나라 전통색인 오방색(청, 적, 황, 백, 흑)을 사용하거나 한복과 잘 어울리는 붉은 계열의 색을 주로 사용한다. 동양적 이미지의 둥근 초승달 모양에 가까운 형태로 눈썹을 그려 전통미를 표현하고, 쪽진머리 또는 가채를 얹은머리에 어울리는 귀밑머리를 메이크업 펜슬로 그려주는 것이 특징이다.

베이스 메이크업		• 다소 붉은 피부톤을 표현하기 위해 핑크 파우더를 사용하거나, 붉은기가 도는 파운데이션을 사용하여 베이스 메이크업을 한다. • 무용극이므로 하이라이트와 섀딩으로 윤곽 수정을 해준다.
색조 메이크업	아이브로우	• 다크브라운과 블랙의 색을 사용하여 부드러운 상승형의 곡선으로 동양적인 느낌의 눈썹을 그린다. • 눈썹뼈에 하이라이트를 처리하여 입체감을 준다.
	아이	• 핑크, 마젠타, 브라운 등 붉은 계열을 이용하여 상승형으로 표현한다. • 검정색 아이라인으로 눈매를 또렷하게 그려주며, 언더라인은 펜슬 또는 아이섀도로 마무리한다. • 짙은 인조속눈썹을 상승형으로 붙여준다.
	치크	• 핑크, 진핑크로 관자놀이 주변을 화사하게 표현한다. • 블랙 펜슬 또는 블랙 아이라이너로 귀밑머리를 그려준다.
	립	• 핑크가 가미된 레드 또는 마젠타색을 바른다. • 립라인을 또렷하게 하기 위해 립라이너를 사용한다.
대표 색채		• 색상 : 핑크, 마젠타, 레드 등 붉은 계열의 색을 주로 사용 • 색조 : 비비드톤, 라이트톤, 딥톤 등

3 무용(발레)

발레(Ballet)는 음악, 의상, 무대 장치, 팬터마임 등을 갖추어서 특정 주제의 이야기를 종합적으로 표현하는 서양 무용의 종류이다. 발레 메이크업은 순백 또는 파스텔 계열의 발레복에 어울리는 차가운 계열의 분홍색, 보라색, 와인색을 자주 사용한다. 무대에서 먼 관객도 캐릭터를 잘 볼 수 있도록 얼굴 표정의 선, 면 등을 강하게 표현하며, 등장하는 캐릭터별로 성격을 잘 표현할 수 있어야 한다.

3과제

캐릭터 메이크업

베이스 메이크업		• 화이트나 핑크 메이크업 베이스를 바르고, 얼굴의 전면과 하이라이트 부위(T존 등)에는 피부톤보다 밝은 파운데이션을 바르고, 외곽에는 원래 피부톤과 비슷한 색을 바른 후, 핑크 파우더로 정리하여 밝고 화사하게 연출한다. • 얼굴 외곽에는 섀딩을 주어 얼굴 윤곽을 살린다.
색조 메이크업	아이브로우	• 눈썹은 다크 브라운과 검정색을 이용해 아치형 또는 갈매기형으로 그린다.
	아이	• 핑크, 퍼플, 브라운 등의 섀도로 아이홀을 잡고 홀라인 주변을 그라데이션 한다. • 아이홀 아래와 눈 아래 흰색을 발라 눈이 커 보이도록 한다. • 아이라인과 언더 아이라인으로 눈을 크게 보이도록 만든다. • 눈썹뼈 부위에 하이라이트 처리하여 눈에 입체감을 부여한다. • 풍성한 인조속눈썹으로 눈을 강조한다.
	치크	• 핑크, 진핑크, 브라운으로 화사한 느낌으로 넓게 표현한다.
	립	• 핑크, 로즈, 짙은 핑크, 레드 등의 색을 사용하며, 립라이너로 입술 라인을 명확하게 표현한다.
대표 색채		• 색상 : 핑크, 로즈, 마젠타, 퍼플, 브라운 등 • 색조 : 스트롱톤, 덜톤, 딥톤 등

4 노역(추면)

노역 캐릭터 메이크업은 미디어와 무대 메이크업으로 분류된다. 미디어에서는 주름과 음영을 섬세하게 표현하고, 무대에서는 과장되게 그린다. 미디어 노역은 얼굴이 클로즈업될 수 있으므로 세밀하고 정확하며 자연스러운 주름을 그려야 한다. 또한, 나이, 국가, 시대, 직업, 성격, 건강, 환경 등에 따른 캐릭터의 차이, 모델의 기본 골격, 근육 처짐을 고려해야 한다. 일반적으로 얼굴의 전체 윤곽을 먼저 잡고, 관자놀이, 볼, 눈두덩 등에 음영을 표현한다. 주름은 이마 주름, 코 옆 주름 등의 큰 주름을 먼저 그린 후 콧등 가로주름, 눈 옆 주름 등의 작은 주름을 그린다.

베이스 메이크업		• 붉은기는 건강하고 젊어 보일 수 있으므로 붉은기 없는 파운데이션을 바른다. • 눈썹뼈, 이마, 광대뼈, 턱, 코 옆선 안쪽 등 돌출 부분에 하이라이트를, 이마 중앙, 볼, 관자놀이, 코 옆 선, 인중 등에 셰딩을 칠해 준다. • 전체적인 골격을 만든 후, 이마, 눈 밑, 코 옆 주름 등 큰 주름부터 그려주고, 파우더를 소량 칠하여 마무리한다.
색조 메이크업	아이브로우	• 눈썹은 흰색 또는 회색으로 칠한다.
	아이	• 색조는 제외한다. 눈이 움푹 들어가 보이도록 셰딩 처리를 하고, 눈가의 작은 주름을 자연스럽게 그려준다. 이때 펜슬은 날카롭게 깎아 사용하여 미세하고 작은 주름을 표현해야 한다.
	치크	• 치크는 혈색을 주므로 노역 메이크업에서는 하지 않는다.
	립	• 입을 오므리고 흰색 또는 밝은 베이지색을 칠해 자연스러운 주름을 표현한다.
대표 색채		• 색상 : 화이트, 베이지, 연한 브라운 등 • 색조 : 뉴트럴톤, 페일톤, 소프트톤, 덜톤 등

02 | 캐릭터 메이크업의 세부과제

1 시험 안내 : 시험시간 50분

캐릭터 메이크업 정의	캐릭터 메이크업(Character make-up)이란 미디어, 공연 등 작품 속 등장인물의 성격을 표현하기 위한 메이크업이다. 매체, 작품 종류, 작품 의도 등에 따라 자연스러운 메이크업부터 분장, 아트 메이크업에 이르기까지 등장인물의 배역과 성격, 나이, 직업, 환경에 따라 메이크업이 다양할 수 있다.
시술 목표	• 캐릭터 메이크업에 필요한 화장품과 화장 도구의 종류와 사용법을 이해하고, 적절하게 사용할 수 있다. • 각 캐릭터에 적절한 베이스 메이크업을 시술할 수 있다. • 주제에 맞는 메이크업의 컬러와 기법을 이해할 수 있다. • 숙련된 메이크업 테크닉으로 캐릭터를 표현할 수 있다.
시술 과정	• 메이크업 시술 준비 및 소독 • 기초화장(스킨, 로션 등) • 베이스 메이크업(메이크업 베이스, 파운데이션, 파우더 등) • 포인트 메이크업(아이 메이크업, 치크 메이크업, 립 메이크업 등) • 마무리(메이크업 수정 및 정리)

3과제

캐릭터 메이크업

2 과제 및 배점 적용

이미지(레오파드)

무용(한복)

무용(발레)

노역(추면)

과제유형		제3과제(50분)
		캐릭터 메이크업
작업대상		모델
세부과제	이미지(레오파드)	레오파드(표범), 즉 동물 캐릭터로 등장하는 역할을 위한 메이크업이다.
	무용(한국)	한국 무용에 등장하는 캐릭터에 어울리는 메이크업이다.
	무용(발레)	발레 무용에 등장하는 캐릭터에 어울리는 메이크업이다.
	노역(추면)	미디어에 등장하는 노인 역할의 캐릭터에 어울리는 메이크업이다.
배점		25점 / 총 100점

3 **과제 준비물(제3과제 공통)**

과제유형		제3과제 (50분)
		캐릭터 메이크업
준비물	소독 및 위생	위생 가운, 어깨보, 헤어밴드, 타월, 소독제, 탈지면 용기, 탈지면, 위생봉투 등
	베이스 메이크업	메이크업 베이스, 파운데이션, 페이스 파우더 등
	포인트 메이크업	아이섀도 파레트, 립 파레트, 아이라이너, 마스카라, 아이브로우 펜슬, 인조속눈썹, 속눈썹 접착제, 아트용 컬러, 물통, 아트용 브러시 등
	기타 도구	눈썹칼. 눈썹 가위, 브러시 세트, 스폰지 퍼프, 분첩, 뷰러, 타월, 미용 티슈, 물티슈, 면봉, 족집게, 클렌징 제품 및 도구 등

 세부과제 1 **이미지(레오파드)**

※ 시험시간 50분, 배점 25점

메이크업 전

완성 메이크업

1 중요 포인트

분류	특징
베이스 메이크업	• 모델 피부톤보다 <u>밝은색 크림 파운데이션</u>을 바른다. • 파우더로 마무리한다.
포인트 메이크업	• <u>옐로우, 오렌지, 브라운색</u>의 <u>아쿠아 컬러나 아이섀도</u> 등을 사용하여 <u>눈과 이마, 치크 부위</u>에 도면과 같이 조화롭게 그라데이션 한다. • <u>아이홀은 흰색으로</u> 뚜렷하게 표현하고, 검정색 아이라이너로 눈꺼풀 위와 눈 밑 언더라인의 트임을 표현한다. • 레오파드 무늬는 아쿠아 컬러나 아이라이너 등을 사용하여 그리며, <u>얼굴 외곽에서 안쪽으로 향하여 점진적으로</u> 표현한다. • 인조속눈썹을 사용하여 길고 날카로운 눈매를 표현한다.
립 메이크업	• <u>버건디 레드색</u>으로 <u>구각을 강조한 인커브 형태</u>로 그린다.

2 요구 사항

※ 지참 재료 및 도구를 사용하여 아래의 요구사항에 따라 캐릭터 메이크업(레오파드)을 시험시간 내에 완성하시오.

가. 과제를 수행하기 전 수험자의 손 및 도구류를 소독한 후 제시된 도면을 참고하여 캐릭터 메이크업(레오파드) 스타일을 연출하시오.

나. 모델의 피부톤에 맞는 메이크업 베이스를 바르시오.

다. 피부톤보다 밝은색 파운데이션을 이용하여 바른 후 파우더로 마무리하시오.

라. 옐로우, 오렌지, 브라운색의 아쿠아 컬러나 아이섀도 등을 사용하여 도면과 같이 조화롭게 그라데이션을 하시오.

마. 아이홀 부위는 도면과 같이 흰색으로 뚜렷하게 표현하고, 검정색 아이라이너, 아쿠아 컬러 등으로 눈꺼풀 위와 눈 밑 언더라인의 트임을 표현하시오.

바. 레오파드 무늬는 아쿠아 컬러나 아이라이너 등을 사용하여 선명하고 점진적으로 표현하시오.

사. 인조속눈썹을 사용하여 길고 날카로운 눈매를 표현하시오.

아. 도면과 같이 언더 라인은 아이라이너를 그리거나 인조속눈썹을 붙여 표현하시오.

자. 버건디 레드의 립 컬러를 모델의 입술에 맞게 사용하되, 구각을 강조한 인커브 형태(구각)로 표현하시오.

3 수험자 유의사항

① 모델은 문신(눈썹, 아이라인, 입술 등), 속눈썹 연장 및 메이크업이 되어 있지 않은 상태이어야 합니다.

② 스파츌라, 속눈썹 가위, 족집게, 눈썹칼 등의 도구류를 사용 전 소독제로 소독해야 합니다.

③ 메이크업 베이스, 파운데이션을 펴 바를 때 스펀지 퍼프 또는 브러시를 사용해야 합니다.

④ 아이섀도, 치크, 립 등의 표현 시 브러시 등 적합한 도구를 사용해야 합니다.

⑤ 화장품은 요구사항에 지정된 제형 외에는 타입에 상관없이 자유롭게 사용할 수 있습니다.

4 도면

자격종목	미용사 (메이크업)	과제명	캐릭터 메이크업 (레오파드)	척도	NS

레오파드의 시술 순서에서는 왼쪽(모델의 오른쪽 얼굴, B)은 아이섀도를 이용한 테크닉 오른쪽은 (모델의 왼쪽 얼굴, C)은 아쿠아 컬러를 이용한 테크닉을 설명한다.

A. 베이스 메이크업

① 과제를 수행하기 전 수험자의 손 및 도구류를 소독한다.

② 도면을 참고하여 캐릭터 메이크업(레오파드) 스타일 연출을 시작한다.

③ 모델의 피부톤에 맞는 메이크업 베이스를 바른다.

④ 필요시 다크써클, 잡티, 입 주변 등을 컨실러 처리한다.

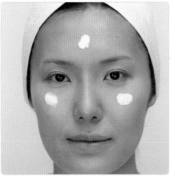

⑤ 피부톤보다 밝은색 파운데이션을 바르고, 그라데이션 한다.

Tip 밝은 베이스는 잘 펴 바르지 않으면 얼룩이 지고 지저분해질 수 있으므로 그라데이션에 주의함

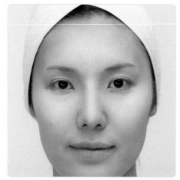

⑥ 밝은색의 파우더로 마무리한다.

⑦ 베이스 완성

B. 섀도를 사용한 컬러링

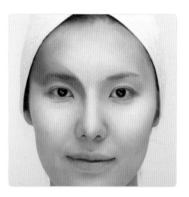

① 왼쪽(모델의 오른쪽 얼굴)은 섀도를 이용한 컬러링의 예시이다. 먼저 옐로우색의 아이섀도를 사용하여 도면과 같이 그라데이션 한다.

Tip 얼굴 외곽에서 안쪽으로 그라데이션 하듯 바름

② 오렌지색의 아이섀도를 사용하여 옐로우 아래에 그라데이션 한다.

③ 도면과 같이 콧대에서 이마로 이어지는 부분을 그리기 시작한다,

④ 콧대부터 눈썹, 이마 외곽으로 이어지는 부분에 오렌지색을 채워 그린다.

⑤ 옐로우, 오렌지색 부분을 완성한다.

 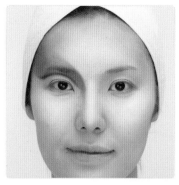 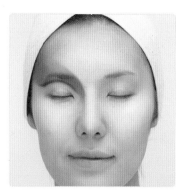

⑥ 브라운색을 사용하여 아이홀을 잡는다.

`Tip` 브라운색으로 아이홀을 그릴 땐 선의 처음과 끝이 중간보다 연하고 얇아지도록 그려줌

 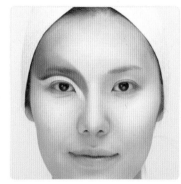 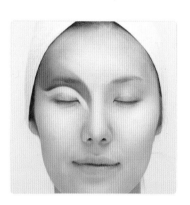

⑦ 아이홀 부위는 도면과 같이 흰색으로 뚜렷하게 표현한다.

`Tip` 아이홀의 브라운색과 혼합되면 흰색이 탁해질 수 있으므로 두 색이 섞이지 않도록 주의

⑧ 검정색 아이라이너, 아쿠아 컬러 등으로 눈꺼풀 위에 아이라인으로 트임을 표현한다.

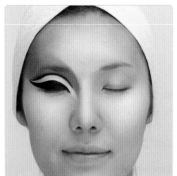

9 아이홀에도 라인을 진하게 그려 넣는다.

Tip 아이홀에 라인을 그릴 때에도 선의 처음과 끝이 중간보다 연하고 얇아지도록 그려줌

10 **Tip** 아이홀 부위는 브라운 아이섀도로 아이라인과 자연스럽게 그라데이션함

11 아이홀과 아이라인 클로즈업 샷

12 검정색 아이라이너, 아쿠아 컬러 등으로 눈 밑 언더라인의 트임을 표현한다.

13 흰색 아이섀도로 공간을 채워준다.

14 흰색 아이섀도로 눈 바깥쪽과 앞머리를 칠하고, 그라데이션 한다.

15 오렌지 아이섀도로 도면과 같이 눈 바깥쪽 아래와 볼 부분을 그려 넣는다.

⑯ 옐로우 아이섀도로 볼 안쪽으로 그라 데이션 한다.

⑰ 컬러링 완성 이미지

⑱ 레오파드 무늬는 아쿠아 컬러나 아이 라이너 등을 사용하여 그린다.

⑲ Tip 레오파드 무늬는 선명하고 점진적으로 표현하도록 함

⑳ 눈 아래 부분에도 레오파드 무늬를 선명하고 점진적으로 그려 넣는다.

21 레오파드 무늬 완성 이미지

22 뷰러로 속눈썹을 컬링해준다.

23 마스카라를 바른다.

24 인조속눈썹을 사용하여 길고 날카로운 눈매를 표현한다.

25 Tip 아래에도 속눈썹을 붙임. 언더라인을 그린 후 붙임

26 아이 메이크업 완성 이미지

27 구각을 강조한 인커브 형태로 버건디 레드의 립 컬러를 모델의 입술에 어울리도록 표현한다.

Tip 색이 진하므로 립라인을 먼저 그리고 채워 넣어 실수를 줄이도록 함

㉘ 아이섀도를 이용한 레오파드 캐릭터 메이크업 완성

㉙ 양쪽 완성 이미지

C. 아쿠아 컬러를 이용한 컬러링

❶ 브라운색을 사용하여 아이홀을 잡는다.

Tip 아이홀 라인을 진하게 잡고, 위로 그라데 이션 해 줌

❷ 콧대와 아이홀 윗부분을 오렌지색으로 칠한다.

Tip 앞서 그려놓은 브라운 부분과 그라데이션 해주며 칠해야 하며, 물의 양을 잘 조절하도록 해야 함

❸ 옐로우 아쿠아 컬러를 사용하여 이마 안 쪽을 채우듯 그라데이션 하여 칠한다.

❹ 검정색 아이라이너, 아쿠아 컬러 등으 로 아이홀과 눈 밑 언더라인의 트임을 표현하고, 안쪽을 흰색으로 채운다.

❺ 아이라인 아래 바깥 볼 부분은 오렌지 와 옐로우 아쿠아 컬러로 그라데이션 하여 표현한다.

⑥ 옐로우, 오렌지 그라데이션 완성

⑦ 레오파드 무늬를 그려 넣고, 눈의 위·아래에 강렬한 인상의 속눈썹을 붙여 준다.

⑧ 레오파드 무늬는 선명하고 점진적으로 표현하도록 한다.

⑨ 구각을 강조한 인커브 형태로 버건디 레드의 립 컬러를 모델의 입술에 어울리도록 표현한다.

Tip 색이 진하므로 립라인을 먼저 그리고 채워 넣어 실수를 최대한 줄이도록 함

⑩ 완성 메이크업

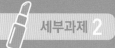 세부과제 **2** # 무용(한국)

※ 시험시간 50분, 배점 25점

메이크업 전

완성 메이크업

1 중요 포인트

분류	특징
베이스 메이크업	• 모델 피부톤에 맞게 결점을 커버하여 깨끗하게 피부표현을 한다. • 섀딩과 하이라이트로 윤곽 수정을 한다. • 핑크 파우더로 매트하게 마무리한다.
아이 메이크업	• 눈썹은 브라운색으로 시작하여 검정색으로 자연스럽게 연결되게 하며, 부드러운 곡선의 동양적인 눈썹을 표현한다. • 눈썹뼈에 흰색 하이라이트를 주어 입체감을 준다. • 연분홍색 아이섀도를 바르고 그라데이션 한다. • 마젠타색으로 눈꼬리와 언더라인에 상승형으로 포인트를 준다. • 검정색 아이라이너로 아이라인을 그리고, 펜슬 또는 아이섀도로 언더라인을 그린다. • 뷰러로 자연 속눈썹을 컬링하고, 마스카라한 후 짙은 인조속눈썹을 끝이 쳐지지 않게 상승형으로 붙인다.
치크 메이크업	• 핑크색으로 광대뼈를 감싸듯 화사하게 표현한다. • 블랙 펜슬 또는 블랙 아이라이너를 이용해 귀밑머리를 그린다.
립 메이크업	• 레드색의 립라이너를 이용해 립 안쪽으로 그라데이션 하고, 핑크가 가미된 레드색의 립 컬러로 블렌딩한다.

2 요구 사항

※ 지참 재료 및 도구를 사용하여 아래의 요구사항에 따라 캐릭터 메이크업(한국무용)을 시험시간 내에 완성하시오.

가. 과제를 수행하기 전 수험자의 손 및 도구류를 소독한 후 제시된 도면을 참고하여 캐릭터 메이크업(한국무용) 스타일을 연출하시오.

나. 모델의 피부톤에 적합한 메이크업 베이스를 선택하여 얇고 고르게 펴 바르시오.

다. 모델의 피부톤에 맞춰 결점을 커버하고 파운데이션으로 깨끗하게 피부표현 하시오.

라. 셰딩과 하이라이트로 윤곽 수정 후 핑크 파우더로 매트하게 마무리하시오.

마. 눈썹은 브라운색으로 시작하여 검정색으로 자연스럽게 연결되도록 표현하며, 모델의 얼굴형을 고려하여 도면과 같이 부드러운 곡선의 동양적인 눈썹으로 표현하시오.

바. 눈썹뼈에 흰색으로 하이라이트를 주어 입체감 있는 눈매를 연출하시오.

사. 연분홍색 아이섀도를 이용하여 눈두덩을 그라데이션 하시오.

아. 눈꼬리 부분과 언더라인을 마젠타색으로 포인트를 주고 도면과 같이 상승형으로 표현하시오.

자. 아이라인은 검정색 아이라이너를 사용하여 도면과 같이 그리고 언더라인은 펜슬 또는 아이섀도로 마무리하시오.

차. 뷰러를 이용하여 자연 속눈썹을 컬링하시오.

카. 마스카라 후 검정색의 짙은 인조속눈썹을 사용하여 끝 부분이 쳐지지 않도록 상승형으로 붙이시오.

타. 치크는 핑크색으로 광대뼈를 감싸듯 화사하게 표현하시오.

파. 레드색의 립라이너를 이용하여 립 안쪽으로 그라데이션 하고 핑크가 가미된 레드색의 립 컬러로 블렌딩 하시오.

하. 블랙 펜슬 또는 블랙 아이라이너를 이용하여 귀밑머리를 자연스럽게 그리시오.

3 수험자 유의사항

❶ 모델은 문신(눈썹, 아이라인, 입술 등), 속눈썹 연장 및 메이크업이 되어 있지 않은 상태이어야 합니다.

❷ 스파츌라, 속눈썹 가위, 족집게, 눈썹칼 등의 도구류를 사용 전 소독제로 소독해야 합니다.

❸ 메이크업 베이스, 파운데이션을 펴 바를 때 스펀지 퍼프 또는 브러시를 사용해야 합니다.

❹ 아이섀도, 치크, 립 등의 표현 시 브러시 등의 적합한 도구를 사용해야 합니다.

❺ 화장품은 요구사항에 지정된 제형 외에는 타입에 상관없이 자유롭게 사용할 수 있습니다.

자격종목	미용사 (메이크업)	과제명	캐릭터 메이크업 (한국무용)	척도	NS

5 시술 과정

❶ 과제를 수행하기 전 수험자의 손 및 도구류를 소독한다.

❷ 제시된 도면을 참고하여 캐릭터 메이크업(한국무용) 스타일을 연출한다.

❸ 모델의 피부톤에 적합한 메이크업 베이스를 선택하여 얇고 고르게 펴 바른다.

❹ 모델의 피부톤에 맞춰 결점을 커버하고 파운데이션으로 깨끗하게 피부를 표현한다.

❺ 밝은 톤의 크림 파운데이션으로 하이라이트를 표현한다.
Tip 사전에 바른 파운데이션과 경계가 지지 않도록 그라데이션을 잘해줌

❻ 윤곽 수정이 필요한 곳에 셰이딩을 한다.
Tip 사전에 바른 파운데이션과 경계가 지지 않도록 그라데이션을 잘해줌

❼ 윤곽 수정 완성

⑧ 핑크 파우더로 매트하게 마무리한다.

⑨ 눈썹은 브라운색으로 시작하여 검정색으로 자연스럽게 연결되도록 표현하며, 모델의 얼굴형을 고려하여 도면과 같이 부드러운 곡선의 동양적인 눈썹으로 표현한다.

Tip 곡선의 동양적인 눈썹의 형태는 아치성 형태에 가까움

⑩ 눈썹뼈에 흰색 아이섀도로 하이라이트를 주어 입체감 있는 눈매를 연출한다.

⑪ Tip 연한 브라운 아이섀도나 파우더형 섀딩 제품을 사용하여 노즈 섀이딩을 함

⑫ 연분홍색 아이섀도를 이용하여 눈두덩을 그라데이션 하시오.

⑬ 눈꼬리 부분에 마젠타색으로 포인트를 주고 도면과 같이 상승형으로 표현한다.

⑭ 언더라인에도 마젠타색으로 포인트를 준다.

⑮ 아이라인은 검정색 아이라이너를 사용하여 도면과 같이 그린다.

16 언더라인은 펜슬 또는 아이섀도로 마무리한다.

17 뷰러를 이용하여 자연 속눈썹을 컬링한다.

18 마스카라를 바른다.

19 검정색의 짙은 인조속눈썹을 사용하여 끝 부분이 처지지 않도록 상승형으로 붙인다.

20 아이 메이크업 완성

21 치크는 핑크색으로 광대뼈를 감싸듯 화사하게 표현한다.

22 레드색의 립라이너를 이용하여 립 안쪽으로 그라데이션 한다.

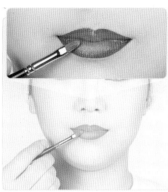

㉓ 핑크가 가미된 레드색의 립 컬러로 블렌딩한다.

㉔ 블랙 펜슬 또는 블랙 아이라이너를 이용하여 귀밑머리를 자연스럽게 그린다.

Tip 귀밑머리는 모델의 잔머리 부분부터 시작하여, 끝으로 갈수록 얇게 그림

㉕ 완성 메이크업

 세부과제 **3** # 무용(발레)

※ 시험시간 50분, 배점 25점

메이크업 전

완성 메이크업

1 중요 포인트

분류	특징
베이스 메이크업	• 모델 피부톤에 맞춰 깨끗한 피부표현을 한다. • 섀딩과 하이라이트로 윤곽수정을 한다. • 핑크 파우더로 매트하게 마무리한다.
아이 메이크업	• 눈썹은 다크 브라운으로 시작하여 블랙으로 자연스럽게 연결되도록 하며, 갈매기형으로 그린다. • 눈썹뼈에 흰색으로 하이라이트를 주어 입체감을 준다. • 아이홀은 핑크와 퍼플색을 이용하여 그라데이션 하고, 홀의 안쪽은 흰색을 채운다. • 속눈썹 라인을 따라 아쿠아 블루색으로 포인트를 주고, 언더라인에도 눈과 일정한 간격을 두고 그린 후 흰색을 넣어 눈이 커 보이도록 표현한다. • 검정색 아이라이너로 아이라인과 언더라인을 길게 그린다. • 뷰러로 컬링하고 마스카라를 칠한 후, 짙은 인조속눈썹을 상승형으로 붙인다.
치크 메이크업	• 핑크색으로 광대뼈를 감싸듯 화사하게 표현한다.
립 메이크업	• 로즈색의 립라이너를 이용하여 립 안쪽으로 그라데이션하고, 핑크색 립 컬러로 블렌딩한다.

2 요구 사항

※ 지참 재료 및 도구를 사용하여 아래의 요구사항에 따라 캐릭터 메이크업(발레)를 시험시간 내에 완성하시오.

가. 과제를 수행하기 전 수험자의 손 및 도구류를 소독한 후 제시된 도면을 참고하여 캐릭터 메이크업(발레) 스타일을 연출하시오.

나. 모델의 피부톤에 적합한 메이크업 베이스를 선택하여 얇고 고르게 펴 바르시오.

다. 모델의 피부톤에 맞춰 결점을 커버하고 파운데이션으로 깨끗하게 피부표현 하시오.

라. 셰딩과 하이라이트로 윤곽 수정 후 핑크 파우더로 매트하게 마무리하시오.

마. 눈썹은 다크 브라운색으로 시작하여 블랙으로 자연스럽게 연결되도록 표현하며, 모델의 얼굴형을 고려하여 갈매기 형태로 그리시오.

바. 눈썹뼈에 흰색으로 하이라이트를 주어 입체감 있는 눈매를 연출하시오.

사. 아이홀은 핑크와 퍼플색을 이용하여 그라데이션 하고 홀의 안쪽은 흰색으로 채워 표현하시오.

아. 속눈썹 라인을 따라서 아쿠아 블루색으로 포인트를 주고, 언더라인도 같은 색으로 눈과 일정한 간격을 두고 그린 후 흰색을 넣어 눈이 커 보이도록 표현하시오.

자. 검정색 아이라이너를 사용하여 도면과 같이 아이라인과 언더라인을 길게 그리시오.

차. 뷰러를 이용하여 자연 속눈썹을 컬링하시오.

카. 마스카라 후 검정색의 짙은 인조속눈썹을 사용하여 끝 부분이 처지지 않도록 상승형으로 붙이시오.

타. 치크는 핑크색으로 광대뼈를 감싸듯 화사하게 표현하시오.

파. 로즈색의 립라이너를 이용하여 립 안쪽으로 그라데이션 하고 핑크색 립 컬러로 블렌딩하시오.

3 수험자 유의사항

❶ 모델은 문신(눈썹, 아이라인, 입술 등), 속눈썹 연장 및 메이크업이 되어 있지 않은 상태이어야 합니다.

❷ 스파츌라, 속눈썹 가위, 족집게, 눈썹칼 등의 도구류를 사용 전 소독제로 소독해야 합니다.

❸ 메이크업 베이스, 파운데이션을 펴 바를 때 스펀지 퍼프 또는 브러시를 사용해야 합니다.

❹ 아이섀도, 치크, 립 등의 표현 시 브러시 등의 적합한 도구를 사용해야 합니다.

❺ 화장품은 요구사항에 지정된 제형 외에는 타입에 상관없이 자유롭게 사용할 수 있습니다.

4 도면

자격종목	미용사 (메이크업)	과제명	캐릭터 메이크업 (발레)	척도	NS

① 과제를 수행하기 전 수험자의 손 및 도구류를 소독한다.

② 도면을 참고하여 캐릭터 메이크업(발레) 스타일 연출을 시작한다.

③ 모델의 피부톤에 적합한 메이크업 베이스를 선택하여 얇고 고르게 펴 바른다.

④ 모델의 피부톤에 맞춰 결점을 커버하여 깨끗하게 피부표현 한다.

Tip 크림이나 스틱 파운데이션을 사용하여 피부를 깨끗하게 커버함

⑤ 하이라이트로 윤곽 수정을 한다.

Tip T존, 눈 밑 등 하이라이트가 필요한 곳에 밝은 크림 파운데이션 등을 바르고, 앞서 바른 파운데이션과 자연스럽게 그라데이션 되도록 함

❻ 셰딩으로 윤곽 수정을 한다.

Tip 턱, 얼굴 외곽, 콧대 등 셰딩이 필요한 곳에 어두운 베이스를 바르고, 자연스럽게 그라데이션 함

❼ 핑크 파우더로 매트하게 마무리한다.

❽ 눈썹은 다크 브라운색으로 시작하여 블랙으로 자연스럽게 연결되도록 표현하며, 모델의 얼굴형을 고려하여 갈매기 형태로 그린다.

Tip 눈썹 앞머리는 다크브라운, 꼬리부분으로 갈 수록 블랙컬러가 자연스럽게 그라데이션 되도록 표현함

❾ 눈썹뼈에 흰색으로 하이라이트를 주어 입체감 있는 눈매를 연출한다.

❿ 핑크색의 아이섀도를 이용하여 눈꼬리 부분이 닫힌 아이홀을 표현한 후 홀 바깥 방향으로 자연스럽게 그라데이션 한다.

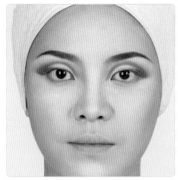
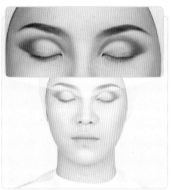

⑪ 퍼플색의 아이섀도를 이용하여 핑크색의 아이홀에 깊이감을 줄 수 있도록 덧바르고 그라데이션한다.

⑫ 아이홀의 안쪽은 흰색 아이섀도로 채워 입체감을 표현한다.

⑬ 속눈썹 라인을 따라서 아쿠아 블루색으로 포인트를 준다.
모델의 눈매를 고려하여 눈을 뜬 상태에서 블루 아이라인이 보일 수 있도록 가이드를 잡은 후 표현함

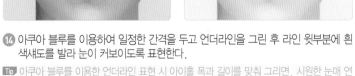

⑭ 아쿠아 블루를 이용하여 일정한 간격을 두고 언더라인을 그린 후 라인 윗부분에 흰색섀도를 발라 눈이 커보이도록 표현한다.

Tip 아쿠아 블루를 이용한 언더라인 표현 시 아이홀 폭과 길이를 맞춰 그리면, 시원한 눈매 연출이 가능함

⑮ 검정색 아이라이너를 사용하여 도면과 같이 아이라인을 그린다.

⑯ 검정색 아이라이너를 이용하여 아이라인 앞머리를 표현하고, 눈꼬리부분에서 점막으로 살짝 이어지도록 언더라인을 표현한다.

⑰ 검정색 아이라이너를 이용하여 언더 속눈썹을 4-5가닥 정도 자연스럽게 표현한다.
Tip 언더 속눈썹은 길지 않게 표현함

⑱ 뷰러를 이용하여 자연 속눈썹을 컬링한다.

⑲ 마스카라를 바른다.

⑳ 검정색의 짙은 인조속눈썹을 사용하여 끝 부분이 처지지 않도록 상승형으로 붙인다.

㉑ 아이 메이크업 완성

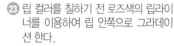

㉒ 치크는 핑크색으로 광대뼈를 감싸듯 화사하게 표현한다.

㉓ 립 컬러를 칠하기 전 로즈색의 립라이너를 이용하여 립 안쪽으로 그라데이션 한다.

 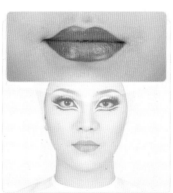 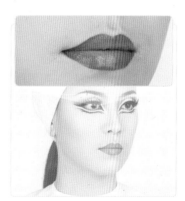

㉔ 핑크색 립 컬러로 립라이너를 그린 안쪽을 블렌딩하듯 칠해준다.

㉕ 완성 메이크업

세부과제 4 **노역(추면)**

※ 시험시간 50분, 배점 25점

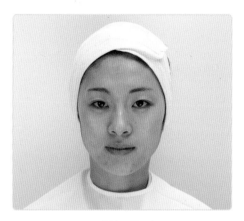

메이크업 전

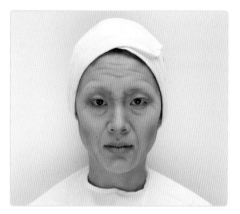

완성 메이크업

1 중요 포인트

분류	특징
베이스 메이크업	• 모델의 피부톤에 맞춰 파운데이션을 바른다. • 섀딩 컬러로 얼굴의 굴곡 부분을 자연스럽게 표현한다. • 하이라이트 컬러로 돌출 부분을 표현한다. • 갈색 펜슬을 이용하여 얼굴의 주름을 표현한다. • 파우더로 가볍게 마무리한다.
포인트 메이크업	• 눈썹은 회갈색 눈썹으로 강하지 않게 표현한다.
립 메이크업	• 내추럴 베이지색을 이용하여 아랫입술이 윗입술보다 두껍지 않게 표현한다. • 입술의 주름을 표현한다.

2 요구 사항

※ 지참 재료 및 도구를 사용하여 아래의 요구사항에 따라 캐릭터 메이크업(노역)을 시험시간 내에 완성하시오.

가. 과제를 수행하기 전 수험자의 손 및 도구류를 소독한 후 제시된 도면을 참고하여 캐릭터 메이크업(노역) 스타일을 연출하시오.

나. 모델의 피부 타입에 맞는 메이크업 베이스를 바르시오.

다. 파운데이션을 가볍게 바르고 모델 피부톤보다 한 톤 어둡게 피부표현 하시오.

라. 섀딩 컬러로 얼굴의 굴곡 부분을 자연스럽게 표현하시오.

마. 하이라이트 컬러를 이용하여 돌출 부분을 도면과 같이 표현하시오.

바. 갈색 펜슬을 이용하여 얼굴의 주름을 표현하고 파우더로 가볍게 마무리하시오.

사. 눈썹은 강하지 않게 회갈색을 이용하여 표현하시오.

아. 립 컬러는 내추럴 베이지를 이용하여 아랫입술이 윗입술보다 두껍지 않게 표현하시오.

3 수험자 유의사항

① 모델은 문신(눈썹, 아이라인, 입술 등), 속눈썹 연장 및 메이크업이 되어 있지 않은 상태이어야 합니다.

② 스파출라, 속눈썹 가위, 족집게, 눈썹칼 등의 도구류를 사용 전 소독제로 소독해야 합니다.

③ 메이크업 베이스, 파운데이션을 펴 바를 때 스펀지 퍼프 또는 브러시를 사용해야 합니다.

④ 아이섀도, 치크, 립 등의 표현 시 브러시 등의 적합한 도구를 사용해야 합니다.

⑤ 화장품은 요구사항에 지정된 제형 외에는 타입에 상관없이 자유롭게 사용할 수 있습니다.

4 도면

자격종목	미용사 (메이크업)	과제명	캐릭터 메이크업 (노역)	척도	NS

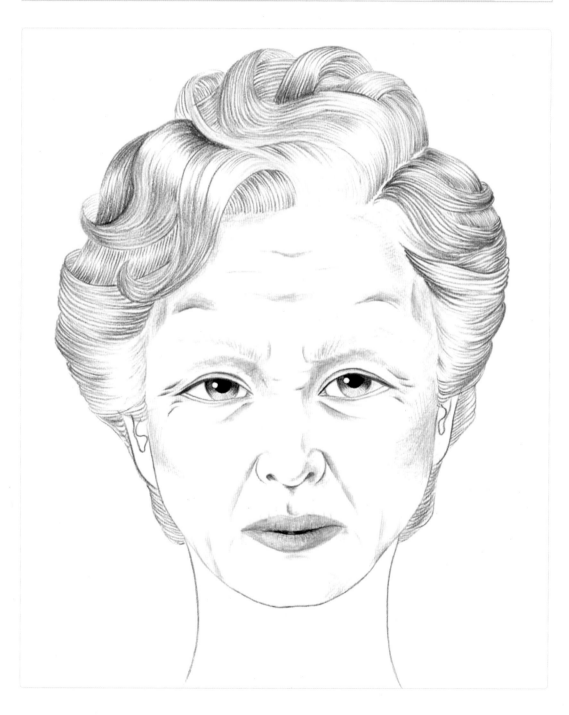

5 시술 과정

❶ 과제를 수행하기 전 손을 소독한다.

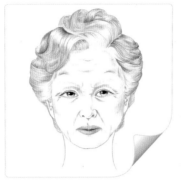

❷ 도면을 참고하여 캐릭터 메이크업(노역) 스타일 연출을 시작한다.

❸ 모델의 피부 타입에 맞는 메이크업베이스를 바른다.

❹ 모델 피부 톤보다 한 톤 어두운 파운데이션을 바른다.

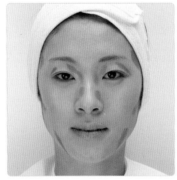

❺ 셰딩 컬러로 얼굴의 굴곡 부분을 표현한다.

Tip 아이홀, 관자놀이, 광대뼈 아래 등 튀어나온 뼈로 인해 굴곡이 지는 부위를 표현함

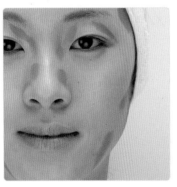

❻ Tip 광대뼈 아래부터 턱까지 처져 보이도록 음영을 만듦

❻ 셰딩 부분을 자연스럽게 그라데이션한다.

❼ 하이라이트 컬러로 돌출 부분을 표현한다.

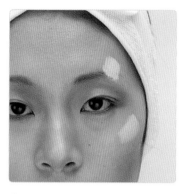

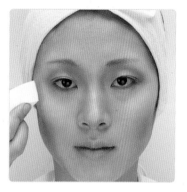

⑧ 하이라이트 확대 컷

Tip 하이라이트 부분을 통해 움푹 파인 부분이 강조됨

⑨ 하이라이트를 자연스럽게 펴 발라준다.

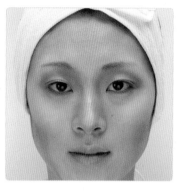

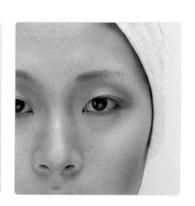

⑩ 섀딩과 하이라이트 완성

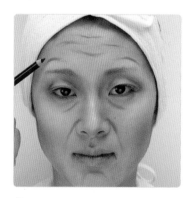

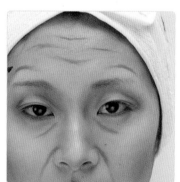

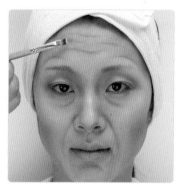

⑪ 갈색 펜슬을 사용하여 얼굴의 큰 주름을 표현한다.

Tip 주름은 큰 주름부터 작은 주름 순으로 그림

⑫ Tip 주름은 작은 브러시로 자연스럽게 그라데이션 함

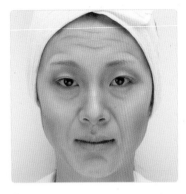

⑬ 펜슬을 이용한 주름 표현 완성

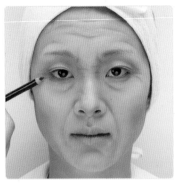

⑭ 필요한 부분에 작은 주름을 추가한다.
Tip 눈가 주름 등 작은 주름을 그림

⑮ 파우더로 가볍게 마무리한다.

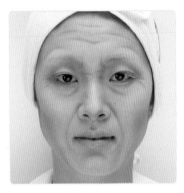

⑯ 세부 주름 완성

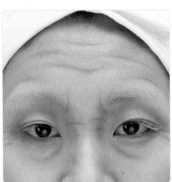

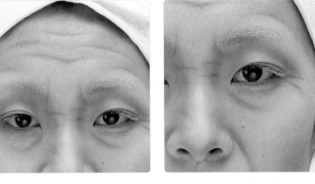

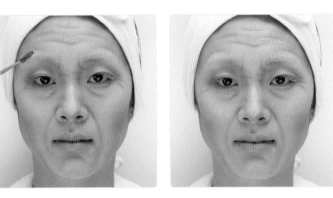

⑰ 회갈색으로 눈썹을 표현하고, 파운데이션을 이용하여 아랫입술이 윗입술보다 두껍지 않게 표현한다.
아이브로 펜슬 외에 스크류 브러쉬 등을 이용하여 눈썹을 밝게 표현함

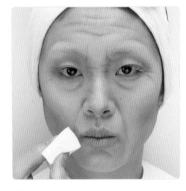

⑱ Tip 입술의 자연스러운 주름 표현을 위해 모델의 입술을 오므려 생기는 주름을 파운데이션 스펀지를 이용하여 표현할 수 있다.

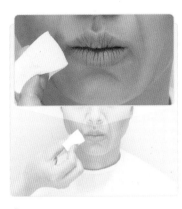

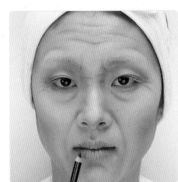

⑱ 입술 주름 표현 완성

⑲ Tip 필요시 펜슬을 사용하여 입의 주름을 추가로 표현. 주름이 너무 세게 표현되지 않도록 주의

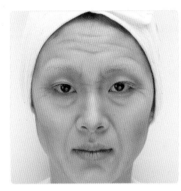

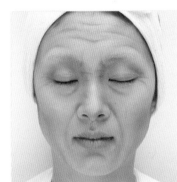

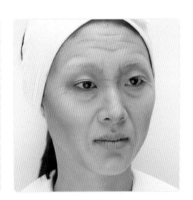

⑳ 완성 메이크업

4과제

속눈썹 익스텐션 및 수염

PART 01 | 속눈썹 익스텐션 및 수염의 이해

Section 1 **속눈썹 익스텐션**

1 속눈썹 익스텐션의 개념

인모 한 올에 가모 한 올씩을 붙이는 시술로 눈매를 또렷하게 보이도록 해주는 역할을 한다. 속눈썹 익스텐션에 사용되는 가모는 굵기, 길이, 색상이 다양하여 선호하는 이미지에 따라 다양하게 연출이 가능하다.

2 속눈썹 익스텐션의 재료

1) 가모

(1) 원사에 따른 종류

① 합성섬유 가모 : 합성섬유를 원료로 하여 만든 속눈썹 가모
② 천연모 : 합성섬유 가모보다 가볍고 자연스러운 시술이 가능한 자연 상태의 가모

(2) 컬에 따른 종류

J컬		일반적으로 많이 사용하며 자연스러움
JC컬		J컬보다 살짝 높은 형태
C컬		속눈썹이 많이 올라간 형태

CC컬		아이래시컬러로 올린 듯한 형태
D컬		속눈썹이 많이 말려 올라간 형태
L컬		속눈썹이 앞으로 돌출되어 올라간 형태

(3) 길이에 따른 종류

가모의 길이는 8~17mm까지 다양하며 대중적으로 선호하는 길이는 10~11mm이다.

(4) 컬러에 따른 종류

블랙, 와인, 블루, 브라운, 레드, 퍼플, 그린, 옐로우 등

2) 시술 도구

도구	기능
글루	속눈썹 접착제로 안전인증을 받은 글루를 사용해야 함
핀셋	• 일자와 곡자핀셋 두 가지를 한 쌍으로 사용함 • 일자핀셋은 자연 인모를 가르는 데 사용하며, 곡자핀셋은 속눈썹 가모를 잡는 데 사용함
리무버	액체, 젤, 크림 타입이 있으며 인모에서 속눈썹 가모를 분리할 때 사용함
전처리제	시술 전 속눈썹의 유분 및 이물질 등을 제거하기 위해 사용함
아이패치	속눈썹 연장 시 언더라인의 속눈썹을 구분하기 위해 사용함
글루 판	글루를 덜어 사용하는 용기로 옥돌과 크리스탈이 있음

3 시험 대비 속눈썹 익스텐션 기본 테크닉

1) 핀셋 잡기

 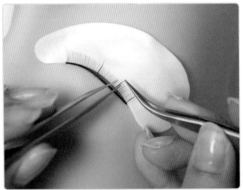

- 시술에 필요한 핀셋을 양손으로 잡는다(속눈썹은 일자핀셋, 가모는 곡자핀셋).
- 핀셋을 사용할 때 엄지와 검지를 이용하여 자유롭게 힘을 조절할 수 있도록 연습한다.

2) 핀셋의 각도

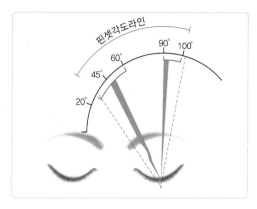

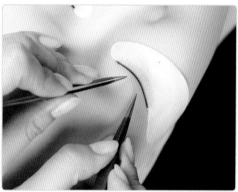

- 속눈썹을 가를 때 속눈썹을 가르는 핀셋을 세워 잡아야 한 올만 가르기 용이하다.

3) 가모 잡는 법

가모를 사선으로 잡는 것이 좋으며, 핀셋은
부드럽게 잡아야 가모가 꺾이지 않는다.

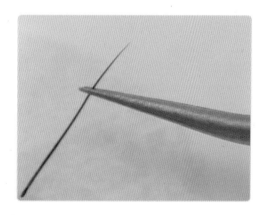

Section 2 미디어 수염

1 짧은 수염 분장

현대적 남성스타일을 연출하기 위한 수염 분장은 짧게 정리한 수염을 이용하여 한 올 한 올 심듯이 붙여 연출한다.

2 시험 준비에 필요한 짧은 수염 준비하기

❶ 수염을 빗질하여 정리한다.

❷ 수염을 가지런히 정돈하여 자른다.

❸ 자른 수염을 고르게 풀어준다.

❹ 수염을 두 손으로 가볍게 비벼준다.

❺ 길이를 맞춰가며 정리한다.

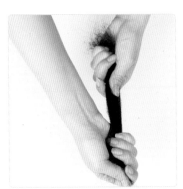

❻ 뭉치지 않게 빗질한다.　　　　　❼ 원하는 길이로 자른 후 가지런히 정돈하여 보관한다.

3 생사와 인조사의 혼합

1) 생사

생사는 하얀색의 비단실이므로 원하는 색상으로 염색하여 사용한다.

2) 인조사

화학섬유에서 뽑아낸 것으로 다양한 색상과 길이, 굵기, 결을 선택할 수 있다.

3) 수염 혼합하기

① 생사와 인조사를 같은 길이로 각각 정리한다.

② 용도에 따라 생사와 인조사의 혼합 비율을 결정하여 혼합한다.

　　　Tip 인조사의 비율이 높을수록 수염의 강도가 높아짐

③ 생사와 인조사를 잘 비벼 고르게 혼합될 수 있도록 한 후 빗질하여 정리한다.

4 시험 대비 수염 붙이는 방법

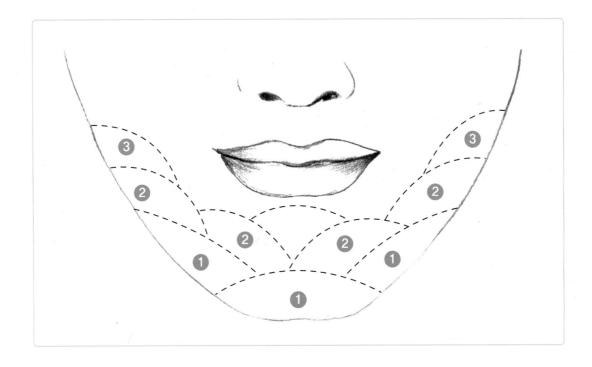

위의 도면을 참고하여 ①번 턱 부분부터 좌우 균형을 살펴가며 순서대로 차근차근 붙이는 연습을 한다.

속눈썹 익스텐션 및 수염의 세부과제

1 과제 및 배점 적용

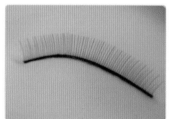  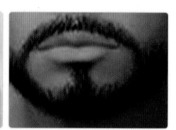

과제유형	제4과제(25분)		
	속눈썹 익스텐션 및 수염		
작업대상	마네킹		
세부과제	속눈썹 익스텐션 (왼쪽)	사전에 마네킹에 붙여온 인조속눈썹과 속눈썹(J컬)을 1:1로 연장하여 완성된 속눈썹(J컬) 개수가 40개 이상이 되도록 작업한다. 단, 눈 앞머리 부분의 속눈썹 2~3가닥은 연장하지 않도록 한다.	
	속눈썹 익스텐션 (오른쪽)		
	미디어 수염	마네킹의 좌우 균형, 위치, 형태를 고려하여 사전에 가공된 상태의 수염을 부착하여 도면과 같이 완성한다.	
배점	15점 / 총 100점		

2 과제 준비물

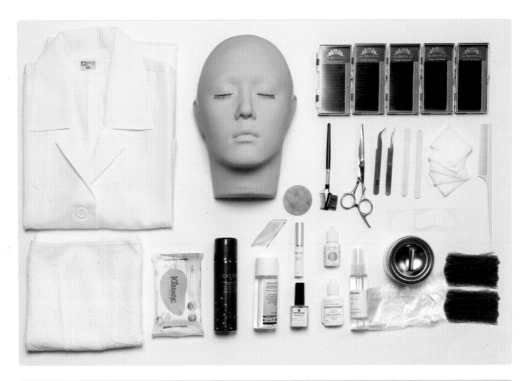

과제유형	제4과제(25분)		
	속눈썹 익스텐션 및 수염		
준비물	소독 및 위생	타월, 소독제, 탈지면 용기, 탈지면, 위생봉투	
	속눈썹 익스텐션	마네킹(5~6mm 인조속눈썹이 부착된 상태), 속눈썹(J컬)(8, 9, 10, 11, 12mm), 핀셋, 아이패치, 우드 스파출라, 전처리제, 속눈썹 빗, 글루(공인인증제품), 글루 판, 속눈썹 판	
	미디어 수염	마네킹, 생사 또는 인조사(검정색), 수염 접착제(스프리트 검 또는 프로세이드), 가위, 핀셋, 빗, 고정 스프레이, 가제수건(거 즈, 물티슈 대용 가능)	

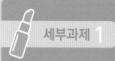
속눈썹 익스텐션(왼쪽)

※ 시험시간 25분, 배점 15점

속눈썹 익스텐션 전

완성 상태(왼쪽)

1 중요 포인트

분류	특징
사전준비	• 5~6mm의 인조속눈썹이 부착된 마네킹을 준비한다. • 수험자의 손 및 도구류와 마네킹의 작업 부위를 소독한다. • 아이패치를 부착한다. • 일회용 도구를 사용하여 전처리제를 도포한다.
속눈썹 익스텐션	• 연장하는 속눈썹은 J컬 타입으로 길이 8, 9, 10, 11, 12mm, 두께 0.15~0.2mm의 싱글모를 사용한다. • 마네킹에 부착된 속눈썹 한 개당 하나의 속눈썹(J컬)만 연장한다. • 모근에서 1~1.5mm를 떨어뜨려 부착한다. • 왼쪽 인조속눈썹에 최소 40가닥 이상의 속눈썹(J컬)을 연장한다(단, 눈 앞머리 부분의 속눈썹 2~3가닥은 연장하지 않음).
완성	• 라운드형(부채꼴 디자인)의 속눈썹 익스텐션(왼쪽)을 완성한다.

2 요구 사항

※ 지참 재료 및 도구를 사용하여 아래의 요구사항에 따라 속눈썹 연장술을 시험시간 내에 완성하시오.

가. 5~6mm의 인조속눈썹이 부착된 마네킹을 준비하시오.

나. 과제를 수행하기 전 수험자의 손 및 도구류와 마네킹의 작업 부위를 소독한 후 적절한 위치에 아이패치를 부착하시오.

다. 일회용 도구를 사용하여 전처리제를 균일하게 도포하시오.

라. 연장하는 속눈썹은 J컬 타입으로 길이 8, 9, 10, 11, 12mm, 두께 0.15~0.2mm의 싱글모를 사용하시오.

마. 제시된 도면과 같이 전체적으로 중앙이 길어 보이는 라운드형(부채꼴 디자인)의 속눈썹 익스텐션(왼쪽)을 완성하시오.

바. 마네킹에 부착된 속눈썹 한 개당 하나의 속눈썹(J컬)만 연장하시오.

사. 5가지 길이(8, 9, 10, 11, 12mm)의 속눈썹(J컬)을 모두 사용하여 자연스러운 디자인이 되도록 완성하시오.

아. 모근에서 1mm~1.5mm를 반드시 떨어뜨려 부착하시오.

자. 왼쪽 인조속눈썹에 최소 40가닥 이상의 속눈썹(J컬)을 연장하시오(단, 눈 앞머리 부분의 속눈썹 2~3가닥은 연장하지 마시오).

3 수험자 유의사항

① 마네킹은 속눈썹 연장이 되어있지 않은 인조속눈썹만 부착되어 있는 상태이어야 합니다.

② 핀셋 등의 도구류를 사용 전 소독제로 소독해야 합니다.

③ 전처리제가 눈에 들어가지 않도록 나무 스파출라를 속눈썹 아래에 받쳐서 작업해야 합니다.

④ 속눈썹 연장용 아이패치 이외의 테이프류 및 인증이 되지 않은 글루는 사용할 수 없습니다.

⑤ 마네킹의 왼쪽 인조속눈썹에만 작업해야 합니다.

⑥ 작업 시 연장하는 속눈썹(J컬)을 신체 부위(손등, 이마 등)에 올려놓고 사용할 수 없습니다.

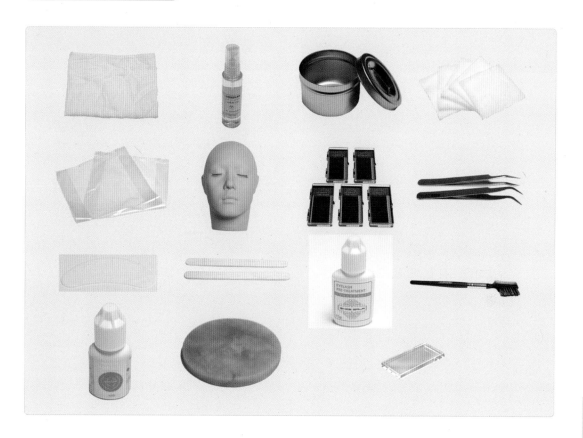

		제4과제(25분)
과제유형		속눈썹 익스텐션 및 수염
		속눈썹 익스텐션(왼쪽)
준비물	소독 및 위생	타월, 소독제, 탈지면 용기, 탈지면, 위생봉투 등
	속눈썹 익스텐션	마네킹(5~6mm 인조속눈썹이 부착된 상태), 속눈썹(J컬)(8, 9, 10, 11, 12mm), 핀셋, 아이패치, 우드 스파출라, 전처리제, 속눈썹 빗, 글루(공인인증제품), 글루 판, 속눈썹 판

5 도면

자격종목	미용사 (메이크업)	과제명	속눈썹 익스텐션(왼쪽)	척도	NS

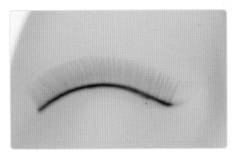

속눈썹 연장 전 마네킹 준비상태

완성 상태(왼쪽)

6 시술 과정

① 5~6mm의 인조속눈썹이 부착된 마네킹을 준비한다.

② 수험자의 손과 작업 부위를 소독한다.

③ 핀셋 등과 같이 시술 시 필요한 도구류를 소독한다.

④ 적절한 위치에 아이패치를 부착한다.

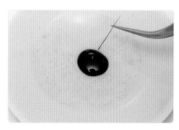

⑤ 전처리제가 눈에 들어가지 않도록 나무 스파츌라를 속눈썹 아래에 받쳐서 전처리제를 균일하게 도포한다.

Tip 전처리제 작업은 가모의 밀착력을 높이기 위한 단계임

⑥ 글루를 충분히 흔든 후 글루 판에 적당한 양을 준비한다.

⑦ 떼어낸 가모를 사선으로 잡아 글루를 묻힌다.

Tip 가모에 글루가 맺히지 않도록 천천히 글루량을 조절함

Tip 가모를 떼어낼 때는 핀셋으로 가모의 2/3 지점을 **가볍게 잡고** 들어 올려 시술자의 가슴 방향으로 떼어냄
(힘을 가하면 가모가 구부러질 수 있음)

4과제

속눈썹 익스텐션 및 수염 — 속눈썹 익스텐션(원폭)

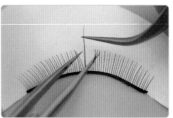

⑧ 핀셋을 이용하여 인조속눈썹 중앙을 가른다.

Tip 속눈썹의 중앙에 위치한 한 올을 가름

⑨ 12mm 가모를 인조속눈썹의 2/3 부분부터 밀듯이 밀착시킨 후 아이라인에서 1~1.5mm 정도 떨어진 부분에 가모를 고정한다.

Tip 고정시키는 지점을 터치할 때는 2~3초 정도 시간을 갖고 고정될 수 있게 함

⑩ 8mm 가모를 눈의 앞머리 부분에 **⑨**번과 같이 시술한다.

Tip 앞머리 부분의 속눈썹 2~3가닥은 연장하지 않음

⑪ 9mm 가모를 인조속눈썹 뒷머리 부분에 시술한다.

⑫ 뒷머리 부분 완성

⑬ 뒷머리와 눈매 기준점 사이에 11mm 가모를 **⑨**과 같은 방법으로 시술한다.

Tip 윗머리와 눈매 기준점 사이의 가모 방향이 자연스러운 사선 각도가 될 때 라운드형(부채꼴 디자인)의 속눈썹 익스텐션을 완성할 수 있음

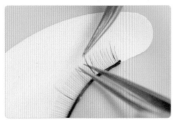

⑭ 앞머리와 눈매 기준점 사이의 중앙 부분에 11mm 가모를 **⑨**과 같은 방법으로 시술한다.

Tip 중간 부분에 가모를 시술할 때에는 부채꼴 디자인을 고려하여 자연스러운 각도로 시술

⑮ 뒷머리 부분의 9mm와 11mm의 가모 중앙 부분에 10mm의 가모를 시술한다.

⑯ 10mm 가모 시술 완성

⑰ 앞머리 부분의 8mm와 11mm 가모 중앙 부분에 10mm 가모를 시술한다.

⑱ 눈매 기준점의 12mm 가모와 뒷머리 방향의 11mm 가모 중앙 부분에 12mm 가모를 시술한다.

⑲ 눈매 기준점의 12mm 가모와 눈앞 머리 방향의 11mm 가모 중앙 부분에 12mm 가모를 시술한다.

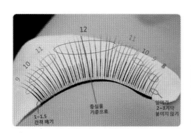

⑳ 가모 길이 표식도

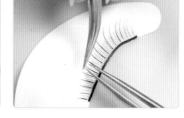

㉑ ⑳과 같이 10mm에서 12mm 가모 사이에는 10, 11, 12mm 가모를 시술하고, 8mm에서 10mm 가모 사이에는 8, 9, 10mm 가모를 시술하여 자연스러운 라운드형(부채꼴 디자인)을 완성한다.

㉒ 자연스러운 라운드형(부채꼴 디자인)
　　완성

㉓ 최소 40가닥 이상의 가모를 이용하여 완성

 **세부과제 2** 속눈썹 익스텐션(오른쪽)

※ 시험시간 25분, 배점 15점

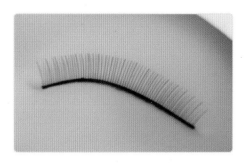

속눈썹 익스텐션 전

완성 상태(오른쪽)

1 중요 포인트

분류	특징
사전준비	• 5~6mm의 인조속눈썹이 부착된 마네킹을 준비한다. • 수험자의 손 및 도구류와 마네킹의 작업 부위를 소독한다. • 아이패치를 부착한다. • 일회용 도구를 사용하여 전처리제를 도포한다.
속눈썹 익스텐션	• 연장하는 속눈썹은 J컬 타입으로 길이 8, 9, 10, 11, 12mm, 두께 0.15~0.2mm의 싱글모를 사용한다. • 마네킹에 부착된 속눈썹 한 개당 하나의 속눈썹(J컬)만 연장한다. • 모근에서 1~1.5mm를 떨어뜨려 부착한다. • 오른쪽 인조속눈썹에 최소 40가닥 이상의 속눈썹(J컬)을 연장한다(단, 눈 앞머리 부분의 속눈썹 2~3가닥은 연장하지 않는다).
완성	• 라운드형(부채꼴 디자인)의 속눈썹 익스텐션(오른쪽)을 완성한다.

2 요구 사항

※ 지참 재료 및 도구를 사용하여 아래의 요구사항에 따라 속눈썹 연장술을 시험시간 내에 완성하시오.

가. 5~6mm의 인조속눈썹이 부착된 마네킹을 준비하시오.

나. 과제를 수행하기 전 수험자의 손 및 도구류와 마네킹의 작업 부위를 소독한 후 적절한 위치에 아이패치를 부착하시오.

다. 일회용 도구를 사용하여 전처리제를 균일하게 도포하시오.

라. 연장하는 속눈썹은 J컬 타입으로 길이 8, 9, 10, 11, 12mm, 두께 0.15~0.2mm의 싱글모를 사용하시오.

마. 제시된 도면과 같이 전체적으로 중앙이 길어 보이는 라운드형(부채꼴 디자인)의 속눈썹 익스텐션(오른쪽)을 완성하시오.

바. 마네킹에 부착된 속눈썹 한 개당 하나의 속눈썹(J컬)만 연장하시오.

사. 5가지 길이(8, 9, 10, 11, 12mm)의 속눈썹(J컬)을 모두 사용하여 자연스러운 디자인이 되도록 완성하시오.

아. 모근에서 1~1.5mm를 반드시 떨어뜨려 부착하시오.

자. 오른쪽 인조속눈썹에 최소 40가닥 이상의 속눈썹(J컬)을 연장하시오(단, 눈 앞머리 부분의 속눈썹 2~3가닥은 연장하지 마시오).

3 수험자 유의사항

① 마네킹은 속눈썹 연장이 되어있지 않은 인조속눈썹만 부착되어 있는 상태이어야 합니다.

② 핀셋 등의 도구류를 사용 전 소독제로 소독해야 합니다.

③ 전처리제가 눈에 들어가지 않도록 나무 스파츌라를 속눈썹 아래에 받쳐서 작업해야 합니다.

④ 속눈썹 연장용 아이패치 이외의 테이프류 및 인증이 되지 않은 글루는 사용할 수 없습니다.

⑤ 마네킹의 오른쪽 인조속눈썹에만 작업해야 합니다.

⑥ 작업 시 연장하는 속눈썹(J컬)을 신체 부위(손등, 이마 등)에 올려놓고 사용할 수 없습니다.

4 준비물

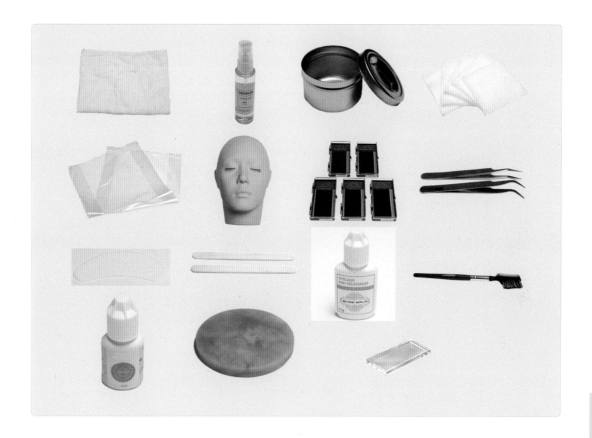

제4과제(25분)		
과제 유형	속눈썹 익스텐션 및 수염	
	속눈썹 익스텐션(오른쪽)	
준비물	소독 및 위생	타월, 소독제, 탈지면 용기, 탈지면, 위생봉투 등
	속눈썹 익스텐션	마네킹(5~6mm 인조속눈썹이 부착된 상태), 속눈썹(J컬)(8, 9, 10, 11, 12mm), 핀셋, 아이패치, 우드 스파츌라, 전처리제, 속눈썹 빗(공인인증제품), 글루 판, 속눈썹 판

5 도면

자격종목	미용사 (메이크업)	과제명	속눈썹 익스텐션(오른쪽)	척도	NS

속눈썹 연장 전 마네킹 준비상태

완성 상태(오른쪽)

① 5~6mm의 인조속눈썹이 부착된 마네킹을 준비한다.

② 수험자의 손과 작업 부위를 소독한다.

③ 핀셋 등과 같이 시술 시 필요한 도구류를 소독한다.

④ 적절한 위치에 아이패치를 부착한다.

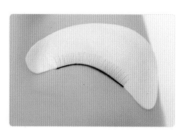

⑤ 전처리제가 눈에 들어가지 않도록 나무 스파츌라를 속눈썹 아래에 받쳐서 전처리제를 균일하게 도포한다.

⑥ 글루를 충분히 흔든 후 글루 판에 적당한 양을 준비한다.

⑦ 떼어낸 가모를 사선으로 잡아 글루를 묻힌다.

Tip 가모에 글루가 맺히지 않도록 천천히 글루량을 조절함

8 핀셋을 이용하여 인조속눈썹 중앙을 가른다.

Tip 속눈썹의 중앙에 위치한 한 올을 가름

9 12mm 가모를 인조속눈썹의 2/3 부분부터 밀듯이 밀착시킨 후 아이라인에서 1~1.5mm 정도 떨어진 부분에서 가모를 고정한다.

Tip 고정시키는 지점을 터치할 때는 2~3초 정도 시간을 갖고 고정될 수 있도록 함

 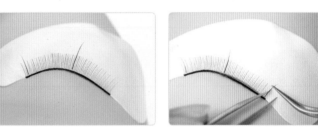

10 8mm 가모를 눈의 앞머리 부분에 **9**번과 같이 시술한다.

Tip 앞머리 부분의 속눈썹 2~3가닥은 연장하지 않음

11 9mm 가모를 인조속눈썹 뒷머리 부분에 시술한다.

12 뒷머리 부분 완성

13 뒷머리와 눈매 기준점 사이에 11mm 가모를 **9**과 같은 방법으로 시술한다.

Tip 뒷머리와 눈매 기준점 사이의 가모 방향이 자연스러운 사선 각도가 될 때 라운드형(부채꼴 디자인)의 속눈썹 익스텐션을 완성할 수 있음

14 앞머리와 눈매 기준점 사이의 중앙 부분에 11mm 가모를 **9**과 같이 시술한다.

Tip 중간 부분에 가모를 시술할 때에는 부채꼴 디자인을 고려하여 자연스러운 각도로 시술함

15 뒷머리 부분의 9mm와 11mm의 가모 중앙 부분에 10mm의 가모를 시술한다.

⑯ 10mm 가모 시술 완성

⑰ 앞머리 부분의 8mm와 11mm 가모 중앙 부분에 10mm 가모를 시술한다.

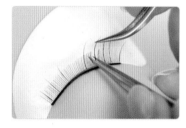

⑱ 눈매 기준점의 12mm 가모와 뒷머리 방향의 11mm 가모 중앙 부분에 12mm 가모를 시술한다.

⑲ 눈매 기준점의 12mm 가모와 눈앞 머리 방향의 11mm 가모 중앙 부분에 12mm 가모를 시술한다.

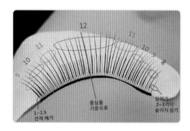

⑳ 가모 길이 표식도

㉑ ⑳과 같이 10mm에서 12mm 가모 사이에는 10, 11, 12mm 가모를 시술하고, 8mm에서 10mm 가모 사이에는 8, 9, 10mm 가모를 시술하여 자연스러운 라운드형(부채꼴 디자인)을 완성한다.

㉒ 자연스러운 라운드형(부채꼴 디자인)
완성

㉓ 최소 40가닥 이상의 가모를 이용하여 완성

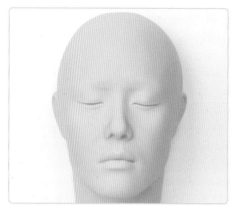

메이크업 전

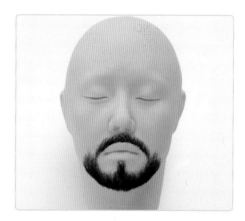

완성 상태

1 중요 포인트

분류	특징
소독 및 위생	수험자의 손 및 도구류와 마네킹의 작업 부위를 소독한다.
수염 연출	• 현대적인 남성스타일을 연출한다. • 수염 접착제를 균일하게 도포하여 마네킹의 좌우 균형, 위치, 형태를 주의하면서 사전에 가공된 상태의 수염을 붙인다. • 빗과 핀셋으로 붙인 수염을 다듬은 후 고정 스프레이와 라텍스 등을 이용하여 스타일링 한다.
완성	완성된 수염의 길이는 마네킹의 턱 밑 1~2cm 정도로 작업한다.

2 요구 사항

※ 지참 재료 및 도구를 사용하여 아래의 요구사항에 따라 미디어 수염을 시험시간 내에 완성하시오.

가. 제시된 도면을 참고하여 현대적인 남성스타일을 연출하시오(단, 완성된 수염의 길이는 마네킹의 턱 밑 1~2cm 정도 작업한다).

나. 과제를 수행하기 전 수험자의 손 및 도구류와 마네킹의 작업 부위를 소독하시오.

다. 수염 접착제(스프리트 검)를 균일하게 도포하여 마네킹의 좌우 균형, 위치, 형태를 주의하면서 사전에 가공된 상태의 수염을 붙이시오.

라. 수염의 양과 길이 및 형태는 도면과 같이 콧수염과 턱수염을 모두 완성하시오.

마. 빗과 핀셋으로 붙인 수염을 다듬은 후 고정 스프레이와 라텍스 등을 이용하여 스타일링 하시오.

3 수험자 유의사항

❶ 마네킹에는 지정된 재료 및 도구 이외에는 사용할 수 없습니다.

❷ 수염은 사전에 가공된 상태로 준비해야 합니다.

❸ 핀셋, 가위 등의 도구류를 사용 전 소독제로 소독해야 합니다.

4 준비물

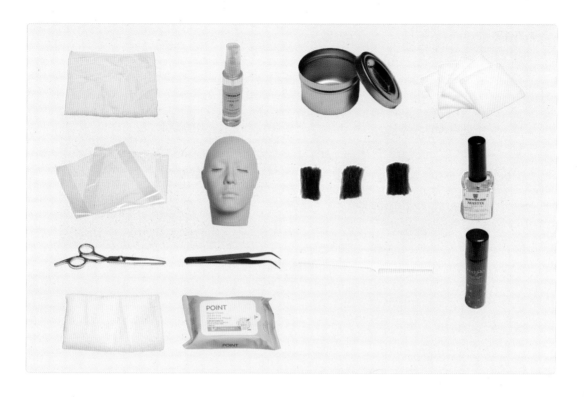

		제4과제(25분)
과제유형		속눈썹 익스텐션 및 미디어 수염
		미디어 수염
준비물	소독 및 위생	타월, 소독제, 탈지면 용기, 탈지면, 위생봉투 등
	미디어 수염	마네킹, 생사 또는 인조사(가공된 검정색), 수염 접착제(스프리트 검 또는 프로세이드), 가위, 핀셋, 빗, 고정 스프레이, 가제수건(거즈, 물티슈 대용 가능)

5 과제 도면

자격종목	미용사 (메이크업)	과제명	미디어 수염	척도	NS

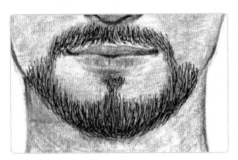 

완성 상태

① 과제를 수행하기 전 수험자의 손을 소독한다.

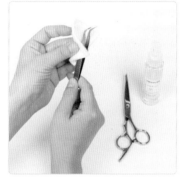  

② 시술에 필요한 도구류를 소독한다.

③ 시술하고자 하는 마네킹의 작업 부위를 소독한다.

 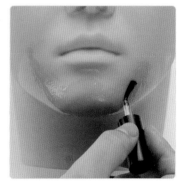

④ 시술하고자 하는 부위에 수염 접착제를 균일하게 도포한다(수염 접착제는 스프리트 검 또는 프로세이드를 활용함).

Tip 접착제를 여러 번 덧칠하게 되면 접착제가 빨리 굳거나 두껍게 도포되어 핀셋으로 정리할 때 접착체의 자국이 남을 수 있음

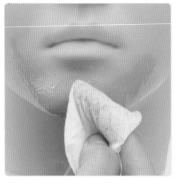 

5 접착제를 도포한 부위를 젖은 거즈를 이용하여 찍어내듯 눌러준다.

Tip 이 작업은 접착제의 번들거림을 잡아주고, 접착체의 굳는 속도를 조절하는 역할을 함

6 왼손으로 적당량의 수염을 잡아 턱 밑 선 중심 부분부터 방향을 잘 맞추어 심듯이 붙여준다.

Tip 접착제를 적당히 건조시킨 후 접착력이 생겼을 때 수염을 붙임

7 형태와 좌우 균형을 살펴가며 붙여나간다.

⑧ 수염을 지그시 눌러 붙여주고 빼주는 동작을 반복하며 완성해 나간다.

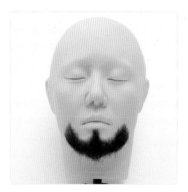

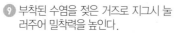
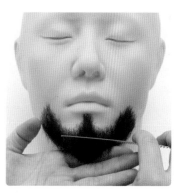

⑨ 부착된 수염을 젖은 거즈로 지그시 눌러주어 밀착력을 높인다.

⑩ 수염빗을 이용하여 빗질한다.

Tip 빗질은 수염의 방향을 정돈해주고, 엉킨 수염을 제거하는 역할을 함

⑪ 핀셋을 이용하여 수염의 균형을 살펴가며 그라데이션 처리를 해준다.　⑫ 빗질을 통해 수염을 정돈한다.

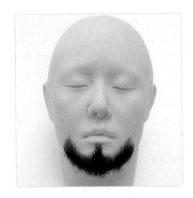

⑬ 가위로 수염의 길이를 성리하여 턱수염을 완성한다.

Tip 커트 작업 시 수염 방향과 같은 수직 방향으로 처리해야 자연스럽게 정리됨

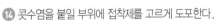

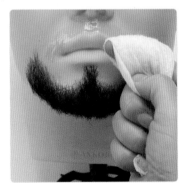

⑭ 콧수염을 붙일 부위에 접착제를 고르게 도포한다.　⑮ 접착제를 도포한 부위를 젖은 거즈를 이용하여 찍어내듯 눌러준다.

⑯ 왼쪽 구각 부분부터 수염의 방향을 고려하여 아랫부분부터 붙여나간다.

⑰ 같은 방법으로 오른쪽 구각 부분부터 인중 방향으로 붙여나간다.

4과제

속눈썹 익스텐션 및 수염─미용사 수염

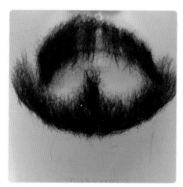

⑱ 수염의 좌우 균형과 방향을 살펴가며 붙여나간다.

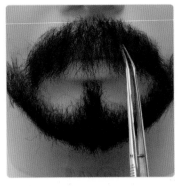

⓳ 수염의 방향을 고려하여 빗질한다.　　⓴ ⑪과 같이 핀셋 작업 후 빗질한다.

㉑ 콧수염을 가위를 이용하여 윗입술 라인이 살짝 보이게 커트한다.　　㉒ 커트 작업 완성

Tip 콧수염 커트 시 검지 또는 중지를 이용하여 가위를 받쳐주면 안정적으로 커트할 수 있음

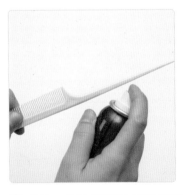

㉓ 헤어스프레이를 이용하여 수염의 모양을 정돈한다.

Tip 꼬리빗 손잡이 부분에 헤어스프레이를 뿌려 정리하면 빗질로 인한 모양의 변화 없이 수염
을 정돈할 수 있음

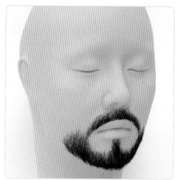

㉔ 완성 상태

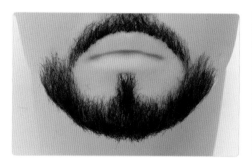

참고문헌

〈메이크업 2급 자격 시험 문제집〉, 한국메이크업협회, 청구문화사, 2003

〈미용사 메이크업 필기〉, 곽지은, 박효원, 유한나, 조애라, 홍은주 공저, 성안당, 2016

〈스타일 메이크업〉, 오세희, 성안당, 2005

〈한국분장예술〉, 강대영, 지인당, 2005

〈속눈썹연장〉, 강경회, 시대에듀, 2016

〈성격분장〉, 정기운 외 3인, 광문각, 2011

전문사이트

commons.wikimedia.org (무료 공유 사이트: 위키미디어 공용)

pixabay.com (무료 이미지 사이드: 픽사베이)

www.google.com (검색 포털서비스 사이트: 구글)

www.kmakeup.or.kr (한국메이크업미용사회)

www.naver.com (검색 포털서비스 사이트: 네이버)

www.q-net.or.kr (한국산업인력공단 홈페이지)

미용사(메이크업) 공개문제 및 지참 준비물 관련 FAQ

Q1　미용사(메이크업) 실기시험의 과제 구성은 어떻게 됩니까?

A1　미용사(메이크업) 실기시험은 실기시험 관련 사항 알림에 공개된 바와 같이
1과제 「뷰티 메이크업」 : ①웨딩(로맨틱), ②웨딩(클래식), ③한복, ④내츄럴
2과제 「시대 메이크업」 : ①그레타 가르보, ②마릴린 먼로, ③트위기, ④펑크
3과제 「캐릭터 메이크업」 : ①레오파드, ②한국무용, ③발레, ④노역
4과제 「속눈썹 익스텐션 및 수염」 : ①속눈썹 익스텐션(왼쪽), ②속눈썹 익스텐션(오른쪽), ③미디어 수염의 4과제로 구성되어 시험이 시행됩니다.
세부과제로 1과제 : 뷰티메이크업 ①~④과제 중 1과제 선정, 2과제 : 시대 메이크업 ①~④과제 중 1과제 선정, 3과제 : 캐릭터 메이크업 ①~④과제 중 1과제 선정, 4과제 : ①~③과제 중 1과제 선정, 총 4과제로 시험 당일 각 세부과제가 랜덤 선정되는 방식입니다.
공개문제 등은 수정사항이 생기는 경우 새로 등재되므로 정기적으로 확인하셔야 합니다.

Q2　과제별 시험시간은 어떻게 됩니까?

A2　시험시간은 전체 2시간 35분(순수 작업시간 기준)이며, 과제별 시험시간은 1과제 40분, 2과제 40분, 3과제 50분, 4과제 25분이고, 각 과제 사이에 10~15분 정도의 준비시간이 주어집니다.

Q3　과제별 시험 배점은 어떻게 됩니까?

A3　전체 100점으로, 과제별 배점은 1과제 30점, 2과제 30점, 3과제 25점, 4과제 15점입니다.

Q4　과제별 작업 대상은 어떻게 됩니까?

A4　과제별 대상 부위는 1, 2, 3과제는 모델의 얼굴에, 4과제는 마네킹에 작업합니다.

Q5　기존의 민간 협회 등의 경우 협회에 따라 메이크업 작업 방법이 다르고 또 업소나 사람마다 행하는 시술 방법이 다른 것 같은데 어떤 것을 기준으로 하게 되나요?

A5　미용사(메이크업) 종목은 기능사 등급의 시험으로 메이크업 미용사의 업무를 행하기 위한 기본적인 동작과 시술을 보는 것이기 때문에 각 협회나 업소에 따른 특별한 시술법을 요구하지 않습니다. 작업 부위별 숙련도 및 기법, 완성 상태 등을 중점으로 채점하는 것을 기본 방향으로 하고 있습니다.

Q6　모델의 조건은 어떻게 되나요?

A6　모델은 수험자가 대동하고 와야 하며 자신이 데려온 모델은 자신이 작업하게 됩니다. 만 14세 이상 ~ 만 55세 이하(연도 기준)의 신체 건강한 여성으로 사전에 메이크업이 되어 있지 않은 상태로 시험에 임하여야 합니다. 또한, 대동하는 모델의 연령 제한에 따라 모델은 공단에서 지정한 신분증을 지참해야 합니다.

Q7　수험자의 복장 기준은 어떻게 되나요?

A7　수험자는 반드시 반팔 또는 긴팔 흰색 위생복(일회용 가운 제외)을 착용해야 하며 복장에 소속을 나타내거나 암시하는 표식이 없어야 합니다. 또한 위생복 안의 옷이 위생복 밖으로 절대 나오지 않아야 합니다. 눈에 보이는 표식(예 : 네일 컬러링, 디자인 등)이 없어야 하며, 표식이 될 수 있는 액세서리(예 : 반지, 시계, 팔찌, 발찌, 목걸이, 귀걸이 등)를 착용할 수 없습니다. 머리카락 고정용품(머리핀, 머리망, 고무줄 등)을 착용할 경우 검은색만 허용합니다.

Q8 　모델의 복장 기준은 어떻게 되나요?

A8 　모델은 수험자와 마찬가지로 눈에 보이는 표식(예 : 네일 컬러링, 디자인 등)이 없어야 하며, 표식이 될 수 있는 액세서리(예 : 반지, 시계, 팔찌, 발찌, 목걸이, 귀걸이 등)를 착용할 수 없습니다. 또한, 머리카락 고정용품(머리핀, 머리띠, 머리망, 고무줄 등)을 착용할 경우 검은색만 허용하며, 서클 렌즈나 컬러 렌즈 등의 착용이 불가합니다.

Q9 　시험 시작 전 모델의 준비상태는 어떻게 되나요?

A9 　모델은 과제 시작 전 본인의 모발 색상을 가릴 수 있는 흰색의 터번(헤어밴드) 및 착용한 상의 색상을 가릴 수 있는 어깨보를 착용한 상태로 준비합니다. 수험자 지참 목록상의 흰색 터번(헤어 밴드)과 복장 기준의 검은색 머리띠와는 상이하므로 참고하시기 바랍니다.

Q10 　수험자나 모델의 손에 작은 타투가 있거나 모발을 탈색했을 경우 등에는 시험 응시에 제한되나요?

A10 　문신, 헤나 등이 있거나 모발을 탈색한 수험자나 모델은 별도의 감점사항 없이 시험에 응시가 가능합니다. 또한, 모델의 헤어 컬러링 상태가 눈에 띄거나 탈색 모발일 경우, 헤어 터번을 넓은 종류로 선택 착용하여 가린 후 응시하면 됩니다.

Q11 　우드 스파츌라와 고정 스프레이의 사용 용도는 어떤가요?

A11 　우드 스파츌라는 4과제 속눈썹 익스텐션 시 전처리제가 눈에 들어가지 않도록 속눈썹을 받치는 용도로 사용하며, 고정 스프레이는 4과제 미디어 수염 시 작업 후 완성된 수염을 고정하는 용도로 일반 헤어 스프레이도 사용 가능합니다.

Q12 　화장품은 어떤 형태로 가져와야 합니까?

A12 　화장품은 판매되는 제품으로 가져오시면 되고, 사용하시던 것도 무방하지만 덜어 오는 것은 안 됩니다. 단, 지참 재료 목록상 팔레트 제품(아이섀도, 립) 및 용기가 언급된 소독제는 용기에 담긴 형태로 덜어서 지참이 가능합니다(별도의 라벨링 작업이 불가함).

Q13 　시판용 재료나 외국산 재료를 사용해도 되나요?

A13 　지참 목록상의 기구 및 화장품은 위생상태가 양호한 것으로 브랜드를 차별하지 않습니다. 같은 회사의 라인으로 통일시킬 필요도 없으며, 시판용 재료나 외국산 재료 등도 모두 사용 가능합니다. 또한 성분에 따른 제품의 종류에 특별한 제한을 두진 않습니다.

Q14 　소독제는 어떻게 준비하나요?

A14 　펌프식 혹은 스프레이식의 용기 등에 알콜 등의 소독제를 넣어 오시면 되고 이것은 화장솜 등에 묻혀 화장품, 기구 혹은 손 등의 소독 시에 사용됩니다. 그리고 스프레이식을 사용하여 소독하는 것에 대한 감점 등의 사항은 없습니다.

Q15 　타월은 제시된 규격대로만 준비해야 합니까?

A15 　지참재료 목록상의 40×80cm 내외는 시험장 작업대의 크기(폭 45cm×길이 120cm×높이 74cm 이상)를 고려한 사이즈로 타월의 사이즈가 더 클 경우 본인의 작업에 불편을 초래할 수도 있으므로 공지된 규격에 맞추어 준비해오시기를 권장하며, 필요시 타월 2장 이상을 겹쳐서 작업대에 세팅하셔도 됩니다.

Q16 　탈지면 용기의 재질 및 색상은 어떤 것이어야 하나요?

A16 　탈지면 용기는 뚜껑이 있는 것으로 재질은 금속, 플라스틱, 유리 모두 허용되므로 본인이 사용하시기에 편리한 재질로 준비하면 됩니다.

Q17 기타 자신이 가지고 오고 싶은 도구를 가져오는 것은 가능한가요?

A17 공개문제 및 수험자 지참 준비물에 언급된 도구 및 재료 중 기타 실기시험에서 요구한 작업 내용에 영향을 주지 않는 범위 내에서 수험자가 메이크업 작업에 필요하다고 생각되는 재료 및 도구 등은(예 : 아이섀도(크림ㆍ펜 타입 등)류, 브러시류, 핀셋류 등) 더 추가 지참할 수 있습니다(단, 공개문제 및 수험자 지참 준비물에 언급된 재료 및 도구 이외에 작업의 결과에 영향을 줄 수 있는 제3의 도구(브러시 수납 벨트, 앞치마 등) 및 재료의 지참은 불가합니다). 또한, 더마왁스, 실러의 경우 필요시 추가로 지참하여 사용 가능합니다.

Q18 4과제에 사용하는 마네킹은 어떻게 준비해야 하나요?

A18 지참재료 목록상 1개로 공지된 마네킹은 시중의 속눈썹 연장 시 사용되는 눈을 감은 마네킹에 속눈썹 익스텐션 및 미디어 수염 등의 작업을 모두 하는 것이 가능하며, 필요한 경우 속눈썹 연장 시 사용하는 눈을 감은 마네킹과 수염 마네킹을 각각 1개씩 지참하는 것도 가능합니다. 또한, 시중에 판매되고 있는 얼굴 1면에 속눈썹 연장과 수염 관리를 함께 작업할 수 있는 마네킹도 사용 가능합니다. 다만, 지참하는 마네킹은 사전에 5~6mm 정도의 인조 속눈썹이 50가닥 이상이 부착된 상태로 준비해야 합니다.

Q19 일회용품 등은 어떻게 사용하고 폐기하나요?

A19 눈썹칼, 스펀지 퍼프, 분첩 등은 1과제 시 새것으로 지참하여 다음 과제 시 계속 사용 가능하며, 우드 스파출라, 면봉, 탈지면(미용솜) 등은 새것으로 지참하여 사용 후 폐기합니다.

Q20 아이섀도 팔레트 및 립 팔레트는 반드시 팔레트 형태로만 지참해야 하나요?

A20 아이섀도 팔레트 및 립 팔레트는 팔레트 형태가 아닌 단품류의 제품도 사용 가능하며, 색상 및 수량 등은 본인의 필요에 따라 제한 없이 추가 지참하면 됩니다.

Q21 스틱 파운데이션이나 컨실러 등을 추가 지참해도 되나요?

A21 페이스 파우더, 메이크업 베이스, 파운데이션 등은 색상 및 제형, 수량 등의 제한 없이 본인의 필요에 따라 추가 지참 가능하며, 파운데이션류인 스틱 파운데이션 및 컨실러 등도 추가 지참 가능합니다. 단, 에어졸 타입으로 분사하여 사용하는 파운데이션류는 사용이 불가합니다.

Q22 4과제 미디어 수염 과제 시 수염 및 수염 접착제 등은 어떻게 준비해야 하나요?

A22 수염은 검은색의 생사 또는 인조사를 작업하기에 적합하게 사전에 가공하여 시험시간 내에 마네킹에 붙이시면 됩니다. 수염 접착제는 스프리트 검이나 프로세이드를 사용해야 합니다.

Q23 4과제 속눈썹 익스텐션 과제 시 연장할 속눈썹 및 글루, 속눈썹을 붙일 때 사용하는 속눈썹 접착제 등은 어떻게 준비해야 하나요?

A23 속눈썹은 J컬 타입으로 8, 9, 10, 11, 12mm를 모두 지참하되 마네킹에 사전에 붙여온 인조 속눈썹과 속눈썹 (J컬) 을 1:1로 연장하여 완성된 속눈썹(J컬) 개수가 40개 이상이 되도록 작업합니다. 글루 및 속눈썹 접착제는 화학물질 등록 및 평가에 관한 법률에 근거하여 유해 우려 물질로 분류되어 그 인증절차가 조정되었으므로 반드시 국가공인 인증기관으로부터 자가검사 번호를 부여받은 제품을 사용해야 합니다.

Q24 각 과제별 작업 시 시간을 확인하고 싶은데 스톱워치 등의 추가 지참이 가능한가요?

A24 스톱워치나 손목시계 등은 공지된 바와 같이 지참이 불가능하며, 작업 시간은 검정장 안에 있는 벽시계를 보시고 확인하시기 바랍니다. 또한, 검정장의 본부 요원 등이 시험 당일 시험 종료 5~10분 전 등을 미리 안내합니다.

Q25 기존 민간자격검정과 같이 제품에 라벨링을 해도 되나요?

A25 수험자가 도구 또는 재료에 구별을 위해 표식(스티커 등)을 만들어 붙일 수 없으므로 재료에 상표 이외에 별도로 라벨링을 하는 것은 표식으로 간주되어 채점 시 불이익이 있으므로 삼가시기 바랍니다.

Q26 1과제부터 4과제의 전체 재료를 한 번에 세팅하고 작업해도 되나요?

A26 전체 재료를 한꺼번에 세팅하시면 작업대가 비좁아 과제 수행이 어렵습니다. 과제별 재료의 세팅은 시험 시작 전 각 과제를 과제별로 본인이 미리 세팅하신 후 각 과제 시마다 세팅된 재료를 사용하시면 되며, 각 과제 시 중복으로 사용되는 재료(소독제, 미용티슈, 분첩 등)는 1과제 세팅된 부분을 연속적으로 사용 가능합니다.

Q27 준비시간 내에 대동 모델의 메이크업 제거를 어떻게 해야 하나요?

A27 1, 2과제 종료 후 각 과제 준비시간 전에 본부요원의 지시에 따라 클렌징 제품 및 도구를 사용하여 완성된 과제를 제거하고 다음 과제의 작업 준비를 해야 합니다. 3과제 종료 후에는 4과제 준비시간 전에 본부요원의 지시에 따라 클렌징 제품 및 도구를 사용하여 완성된 과제를 변형 혹은 제거하고 4과제 작업 준비를 해야 합니다. 준비시간은 15분 내외로 주어지며, 클렌징 티슈 및 클렌징 로션 등의 제품으로 신속히 작업분을 제거한 후 사전에 준비해 온 해면, 습포 등을 병행 사용 가능하며, 메이크업 제거 후 대동 모델이 사용할 스킨, 영양 크림 등의 기초 화장품은 수험자가 추가로 지참하여 시간 내에 사용하신 후 다음 과제를 준비하시면 됩니다.

Q28 공개문제 요구사항의 내용 순서대로 작업해야 하나요?

A28 공개문제 요구사항의 내용은 작업 시 요구되는 내용을 명시한 것으로 수험자의 메이크업 테크닉에 따라 시술 방법에 차이가 있으므로 작업순서와는 무관합니다. 단, 피부 표현 전에 아이 메이크업을 한다든지 상식적으로 어긋난 작업 시 작업의 숙련도 등에서 낮은 득점이 됨을 참고 바랍니다.

Q29 작업 시 팔레트(플레이트 판) 대신 손등을 활용하거나 브러시 대신 손가락 등을 사용해도 되나요?

A29 메이크업 시 팔레트 이외에 손등을 활용하거나 브러시 이외의 손가락 등을 사용하여도 가능하나 기본적으로 팔레트에서 믹싱을 하는 것이 기본이며, 브러시나 퍼프 사용 등도 숙련도 평가대상이므로 손등이나 손가락만을 이용하여 작업하는 것은 지양해야 합니다. 또한, 작업 시 새끼손가락 등에 퍼프를 끼우는 등의 작업 방식은 테크닉적인 측면에서의 별도 제한은 없으므로 허용이 됩니다.

Q30 앉아서 작업해도 되나요?

A30 기본적으로 시험장에 수험자용과 모델용의 의자가 구비되어 있으므로 모델은 의자에 앉은 상태로 작업을 하고, 수험자는 메이크업 테크닉에 따라 앉거나 서서 작업할 수 있습니다.

Q31 작업 시 출혈이 나면 어떻게 해야 하나요?

A31 작업 시 출혈이 있는 경우 소독된 탈지면으로 소독한 후 작업하셔야 합니다.

Q32 공개문제의 일러스트 도면 외에 모델에게 작업한 사진을 공개해 줄 수는 없나요?

A32 사진 모델의 이미지에 따라 제시된 이미지가 달라질 수 있으며 각 과제당 한 모델을 지정하여 작업하는 방식은 과거 전문 모델의 동의를 얻어 기공개된 미용사(피부)의 사전 메이크업 예시 사진과는 달리 과제 전체를 공개해야 하며 개인정보가 강화된 현재 상황에서 해당 시험문제의 공개도면을 모델 시술 사진으로 대체하는 사항은 개인의 초상권 침해 및 예산 등의 사항으로 적용이 어려운 부분임을 널리 양해 바랍니다.

Q33 공개문제에 사용되는 컬러와 기법 등을 지정 및 명시해 줄 수 없나요?

A33 앞서 말씀드린 바와 같이 미용사(메이크업) 종목은 기능사 등급의 시험이므로 아트적인 측면에서 접근하는 방식이 아닌 메이크업 미용사의 업무를 행하기 위한 기본적인 동작과 시술을 보는 데 중점을 두고 있습니다. 공개문제에서 요구한 컬러의 경우 정확하게 일치하지 않더라도 비슷한 유사 계통의 색상을 사용해도 무방하며, 제시한 요구사항 및 도면과 최대로 유사한 이미지의 메이크업을 완성하시면 됩니다. 또한, 공개문제에서 요구 및 제시하지 않은 사항은 작업 시 특별한 제한을 두지 않은 사항임을 참고하시기 바라며 수험자의 메이크업 테크닉 및 사용 제품 등에 제한을 둘 수 없으므로 특정한 컬러와 기법 등을 지정하는 것은 불가합니다.

Q34 속눈썹 익스텐션 작업 시 연장할 속눈썹(J컬)을 이마, 손등 등에 올려놓고 사용해도 되나요?

A34 속눈썹 익스텐션 작업 시 연장할 속눈썹(J컬)은 신체 부위에 올려놓고 사용하시면 안 되며 수험자 지참 준비물에 추가된 속눈썹 판에 올려놓고 작업해야 합니다.

Q35 미디어 수염 작업 시 가위를 사용해도 되나요?

A35 미디어 수염 작업 시 가위 사용은 가능하며, 마네킹에 사전 가공된 상태의 수염을 붙인 후 가위를 사용하여 수염의 길이와 모양을 다듬는 용도 등으로 사용하시면 됩니다.

Q36 문신 및 반영구 메이크업 이외에 눈썹 염색을 한 경우 대동 모델 조건으로 가능한가요?

A36 사전에 대동 모델의 눈썹 정리 등은 가능, 문신 및 반영구 메이크업, 눈썹 염색 및 틴트 제품 등을 사용해 온 경우 모델 대동은 가능하나 감점사항에 해당됩니다.

Q37 속눈썹 익스텐션 시 사용하고 난 나무 스파출라는 어떻게 처리하나요?

A37 속눈썹 익스텐션 시 전처리제가 눈에 들어가지 않도록 속눈썹 아래에 받치는 용도 등으로 사용되는 나무 스파출라는 사용 후 폐기하시면 됩니다.

※ 지참 준비물은 문제의 변경이나 기타 다른 사유로 수량 및 품목 등이 변경될 수도 있으니 정기적인 확인을 부탁드립니다.
※ 기타 세부 사항은 공단 홈페이지(q-net.or.kr)의 「고객지원 – 자료실 – 공개문제」에 공개된 내용을 참고하시기 바랍니다.

memo